ぼくは兵役に行かない!

ICH GEHE NICHT ZUM MILITÄR

かつて〈徴兵〉を拒否したドイツの青年が、
今だから語る軍隊と平和

岩本　順子

ボーダーインク

僕たちがものごとを理解するのには、ふたつの道がある。
ひとつはセンシビリティ、つまり身体で理解すること。
もうひとつはインテリジェンス、つまり精神で理解すること。
僕は身体でものを書く。

マノエル・デ・バホス「口笛のための編曲」
(arranjos para assobio) より
著者による翻訳

目次

プロローグ　「２００１年5月、沖縄・那覇にて」　4
第一章　「ラジオから流れた戦争の気配」　10
第二章　「兵役は18歳から」　15
第三章　「ぼくは兵役に行かない」　22
第四章　「そして裁判は始まった」　30
第五章　「人生観が変わった代替役務」　40

第六章　「真夜中の宮本武蔵―フェンシングから居合道へ」　52
第七章　「60年代生まれの僕」　59
第八章　「ナチスの影を背負う国にうまれて」　70
第九章　「兵役拒否と武道修練は矛盾しない」　78
エピローグ　「２００３年７月、ブラジル・カシアスにて」　86
沖縄からドイツの兵役拒否の物語を読むこと　新城和博　90

「2001年5月、沖縄・那覇にて」

その日、ハンブルク在住の私たち夫婦は二年ぶりで那覇にやって来ていた。そして、五年ぶりに懐かしい友人に再会した。ボーダーインクの新城和博さんだ。1990年に初めて訪れて以来、沖縄がすっかり気に入ってしまった私たちは、機会があるごとに、沖縄各地の島々を旅していた。当時、夫は漫画家、私はフリーライター、また、二人で日本の漫画をドイツ語に翻訳していた。いずれもさほど場所に縛られない仕事だったので、思い立ったらいつでも旅することができた。新城さんに初めてお会いしたのは、1996年1月、那覇に一ヶ月ほど滞在していた時のことだ。

五年前とちっとも変わっていない編集部に立ち寄り、五年前と同じ場所に座って再会を喜びあってから、新城さんの車で南部に出かけた。梅雨にはいっていたので、お天気がちょっと怪しい。でも、空気はしっとりと温かく、すこしも肌寒くない。那覇の街を抜け、途中、沖縄戦にもかかわらず奇跡的に残ったという美しい民家のそば屋さんで腹ごしらえしてから、人々の息づかいが伝わってくる街角や集落を抜け、電照菊畑をぬけ、具志川城跡《グスク》にたどりついた。沖縄本島の南端である喜屋武岬はすぐ近くだ。そこは、ヤギやヒツジがひょっこり顔を出しそうな、いったいどこの国だかわからないような場所だった。

三人とも、海を眺めながら沈黙してしまった。この島の果ての地には、人に沈黙を強いる地霊の力があった。雨雲が垂れ込めるお天気のせいだろうか、その日のその場所は、まるでヨーロッパのどこかの荒れ地のようでもあった。その時新城さんが、「アイルランドってこんな感じかな」とつぶやいた。

その声に導かれ、私の心は、もうすっかり第二の故郷になりつつあるヨーロッパに飛んだ。亜熱帯の島で、東シナ海と太平洋の出会う海を見つめているというのに、この場所は今日、こんなにも荒涼としていて、こんなにもヨーロッパの匂いがする。それも雨の多い北ヨーロッパ

2001年5月、沖縄・那覇にて

の匂いが。そして、その匂いを一番敏感に嗅ぎとっていたのが、まだヨーロッパの土を踏んだことのない新城さんだった。

その日の夜、私たちは、最近新城さんがよく行くという、昔ながらの市場を歩き、市場の奥の店で新鮮な貝や魚を食べながら泡盛を飲んだ。そして、那覇とハンブルクで今なお発見される不発弾の話などをしているうちに、兵役の話題になったのだと思う。私の夫が、兵役を拒否した話をしたら、新城さんはそのことを詳しく知りたがった。彼の瞳は、子どもが何かを必死で知りたがっている時のように輝いていた。そして、私もまた、十六年一緒に暮らした夫の、私と出会う直前の物語を知りたくなった。漠然とは聞いていたけれど、詳しいことまでは知らなかったからだ。

翌2002年の春、私たちは一週間の休暇をとって、本土から那覇を飛び越し、西表島に向かった。夕方、陽射しが柔らかくなりはじめると、人っ気のない浜辺に出ていった。そして、私は問いかけ、彼はその問いに答えた。私たちはそのようにして、お話を少しずつＩＣレコーダーに拾い集めていった。ハンブルクに戻ってからも、お話を拾い集める作業は続いた。そして、夏至がすぎたころ、私はそれを綴り始めた。

ハンブルク港の防空壕の廃墟

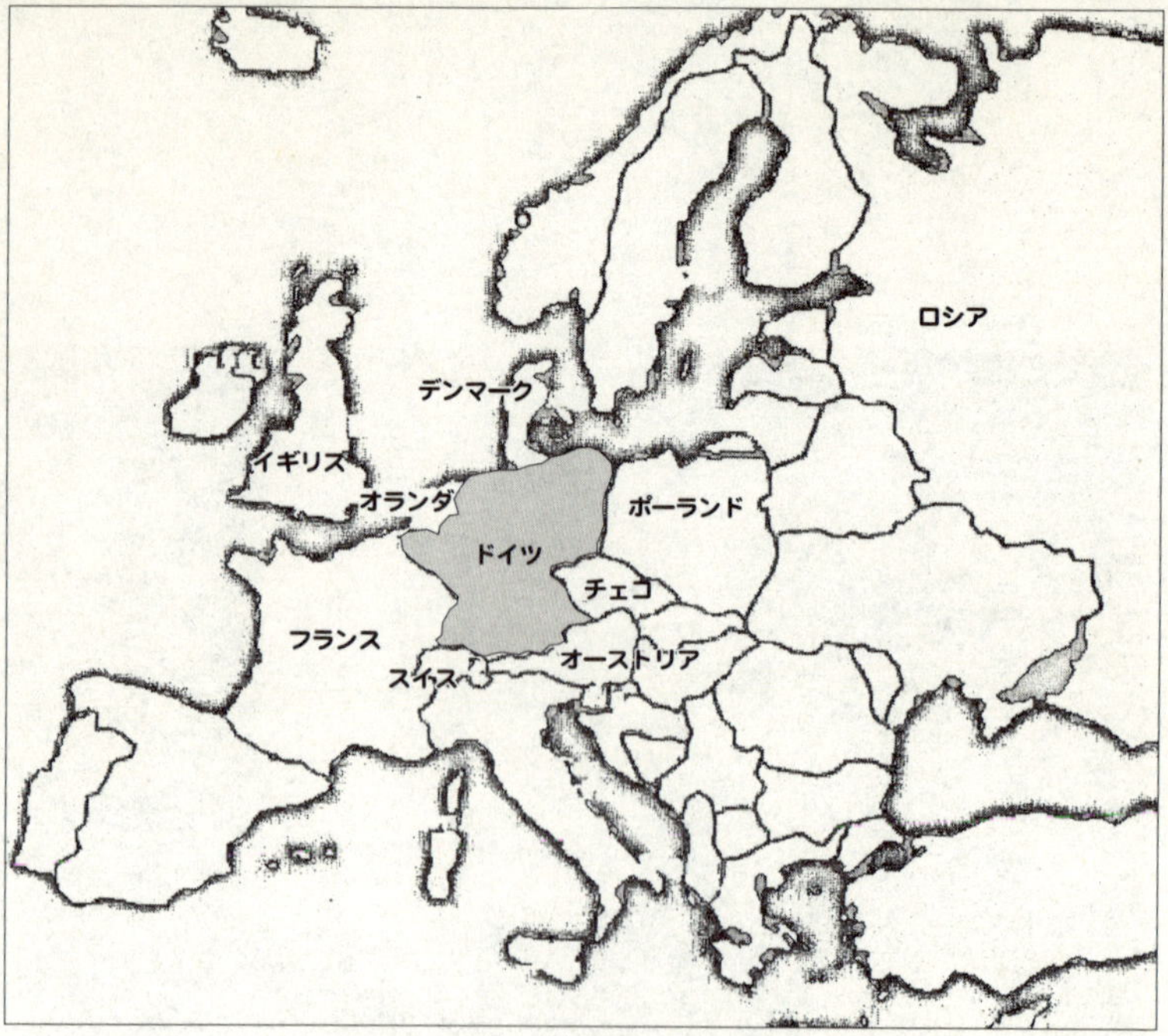

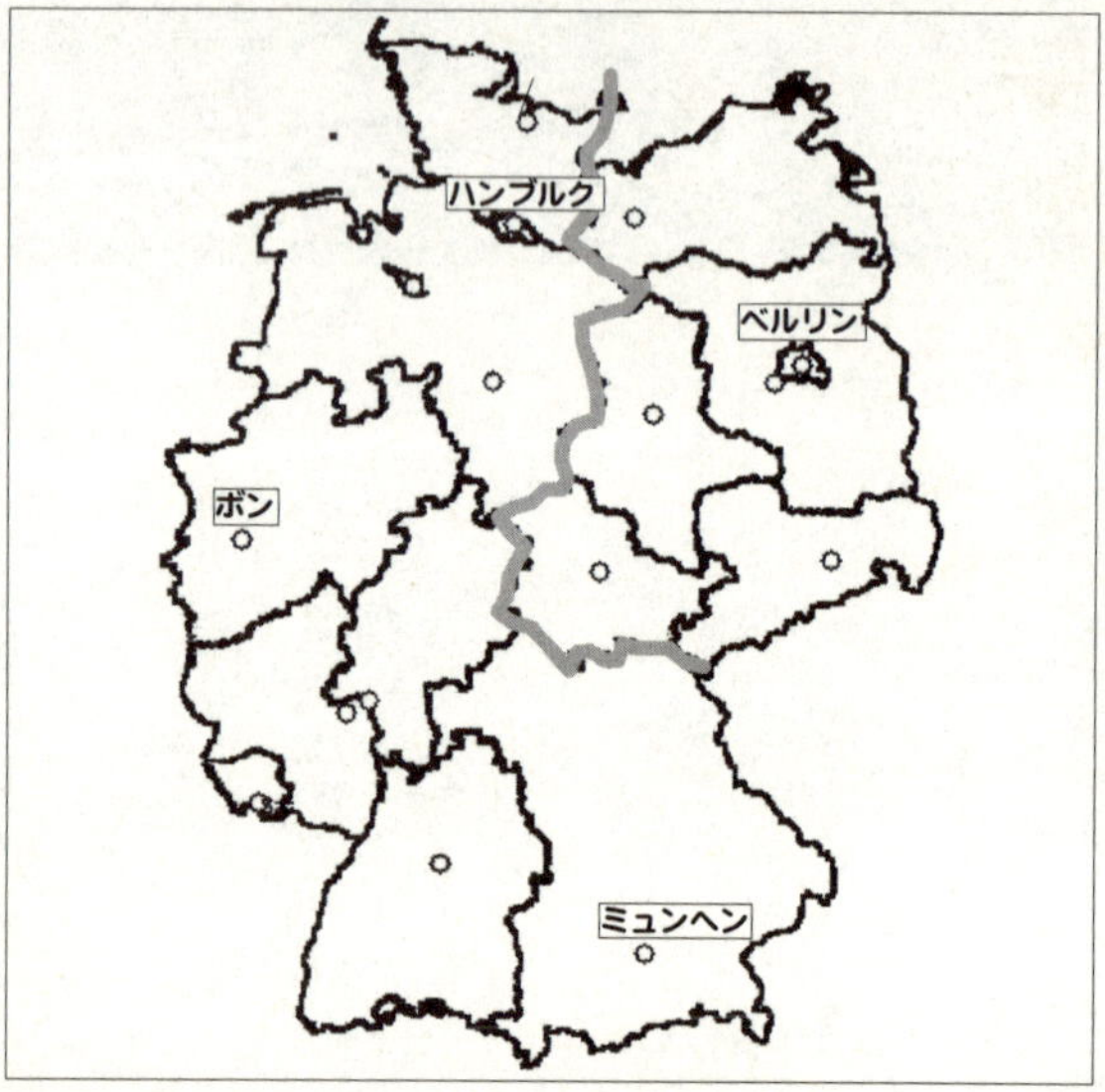

東ドイツと
西ドイツの
境界線

僕に言えるのは、　ただ「ある軍隊の兵士には決してなりたくない」ということだけさ

「ラジオから流れた戦争の気配」

僕はまだ、昔話を語るほど年をとってはいない。何といっても、まだ40歳になったばかりだ。でも僕には子どもがいないから、父親にはなれないし、孫を持つこともできない。残念だね、という人がいるけれど、子どもがいないことで得たものだっていっぱいあるはずだ。たとえば子どもという存在への想像力とかね。

そうだ、僕はこのお話を、存在しえなかった僕の子どもたちや孫たちに語るように、語りはじめようと思う。

僕が生まれたのは1961年、ベルリンの壁がつくられた年だ。そのころ、ドイツは東と西にわかれていて、東ドイツには、今ではもう解体してしまったソビエト連邦が、西ドイツにはアメリカとイギリスとフランスの軍隊が駐留していた。東ドイツのまんなかには、かつてのドイツの首都であり、今日再び統一ドイツの首都となったベルリンの街があって、当時は陸の孤島と呼ばれていた。その陸の孤島がこれまた東と西に分割されていて、東ベルリンにはやはりソ連が、西ベルリンには米英仏の軍隊が駐留していた。それは入れ子式の複雑な東西分割だった。

僕の母方のおじいちゃんとおばあちゃんはバルト海沿岸のロストックという町の出身で、そこは戦後の東ドイツにあたる。医師で、戦争中は軍医として駆り出されたおじいちゃんは、終戦直前に地雷を踏んであっけなく死んでしまった。だから僕は、僕にそっくりだというおじいちゃんを知らない。戦争が終わってすぐ、僕のおばあちゃんは、二人の幼い子ども、つまり僕のお母さんとおじさんを連れて、ハンブルクまで逃げてきた。

おばあちゃんがあの時、東から西へ逃げてこなかったら、僕はこの世に存在しない。なぜなら僕のお父さんは、エルベ河口の、北海がすぐそこに迫るオッテルンドルフという町の出身で、これは戦後の西ドイツ。そして、僕のお父さんとお母さんはハンブルクで出会ったのだからね。

おばあちゃんはハンブルクに逃げてくる時、おじいちゃんと暮らしたフライエンシュタインという町の立派な屋敷も、年代物の家具も、素敵な洋服の数々も、思い出がいっぱいつまった調度品も、何もかもおいてこなければならなかった。いつだったか、おばあちゃんが、フランケンシュタインの屋敷には、赤ワインと白ワインのセラーが別々にあったのだと教えてくれたことがあって、僕は本当にびっくりしたものだ。その屋敷には現在、僕たちの全く知らない人が住んでいる。おばあちゃんは過去の遺物よりも、より大きな自由を選んだんだ。

ハンブルクにやってきたおばあちゃんは、マーガリン工場の受付嬢として働きながら二人の子どもを育てた。お嬢様だったおばあちゃんが、工場の受付で働いている姿を想像すると、ちょっと心が痛む。でも、おばあちゃんは、高貴さを失わず、いつもしゃんとしていた。それは僕もちゃんと覚えている。それに、僕のお母さんはとても朗らかで温かい。おじいちゃんがいなくても、おかあさんの少女時代は、きっととても幸せだったのだろうと思う。そして、僕のお母さんは看護婦さんになり、おじさんはギムナジウムの先生になった。

僕のお父さんとお母さんは病院で出会って恋に落ちた。お父さんがスクーターの事故で運ばれた時、お母さんが手当てをしたのがきっかけだった。結婚式の日、僕はもうお母さんのお腹の中にいた。

東西を分断するベルリンの壁が張りめぐらされ、ソ連と東ドイツの兵士たちが、その壁を越えようとする人々を撃ち殺す。僕が生まれたのはそんな年だった。おばあちゃんの心臓は、そんなニュースがはいるたび、ドクドクと大きな音をたてていただろうと思う。もし、おばあちゃんが西側に逃げるタイミングをつかめないでいたら、自分の故郷を捨てる勇気を持っていなかったら、あの壁の向こうに、四十年ちかく閉じ込められていたかもしれないのだから。

あれは1968年の8月のこと、あとで調べたら8月21日だった。僕は7歳で、両親と妹と一緒に、ハンブルクのバーレンフェルドにあるアパートで暮らしていた。僕がまだテディベアを抱いていた頃のことだ。おばあちゃんは遺族年金を充分にもらえたから、もうだいぶまえに仕事をやめて、一人暮らしをしていた。僕は翌月から小学校にあがることになっていて、それがすごく楽しみだった。当時、僕の家にはまだテレビがなくて、ニュースはいつもラジオから聞こえてきた。ラジオのニュースは時々現場の状況がのみこめなくて困ることがある。でもテレビのニュースも時に脈絡の違う、偽りの映像を流したりして、真実をゆがめることがあるから、どちらが良いとも言えないね。とにかくその日、家族全員で朝ご飯を食べていた時、とても恐ろしいニュースが流れてきた。それはソ連の軍隊がプラハに侵攻したというニュースだった。僕は泣き出したいくらい怯えてしまった。明日にでも戦争になってしまうのではないかと思ったんだ。第二次世界大戦後のチェコスロバキアはソ連の衛星国家だった。でも、1968年の1月に民主化運動がおこり、チェコスロバキアの共産党第一書記長に就任したアレキサンダー・ドプチェクは、ソ連に反発し、自由で開かれた社会主義を目指して、政治を大胆に方向転換しはじめた。報道を自由化し、個人の権利をたくさん認めようとした。それが「プラハの春」とよばれる革命だった。でもプラハに春はやってこなかった。モスクワの政府は、他の共産国に悪い影響を与えるからという理由で、チェコスロバキアに共産国の連合軍隊であるワルシャワ条約機構軍を送り込むことを決めた。そして8月21日未明、何台もの戦車が何の予告もなしにプラハの町に現れた。軍の侵攻で百人のプラハ市民が犠牲となり、プラハの春の夢は水泡に帰してしまった。

子どもだった僕には、自分の住んでいるハンブルクからプラハまで、いったいどのくらいの距離があるのかよくわからなかった。でも東ドイツの国民軍も一緒になってプラハに侵攻しているという話だったから、それがなんだかすぐ隣町のできごとのような気がして、本当に怖かったんだ。もしかして、東ドイツの軍隊は、僕たちの住む西ドイツにまでやってくるんじゃないかと思ってしまったんだ。

でも、この体験が僕の兵役拒否につながったとは思わない。僕は、あのとき、ただとっても怖かっただけで、事態がのみこめていたわけではなかったからね。

「兵役は18歳から」

いま、あらためて子ども時代をふりかえってみると、僕は、戦車とか拳銃とかいったおもちゃを持っていなかった。当時は、ロボットもモンスターも、液晶画面のついたゲーム機もなかった。

僕が大好きだったのは、高さが十センチくらいの騎士やグラディエイター（古代ローマの剣闘士）の人形だった。その人形に、空き缶を切ってつくった鎧を着せ、手作りの刀を持たせて遊んでいた。日本でいうチャンバラごっこを人形でやっていたんだね。男の子が着せ替え人形で遊ぶなんて、ちょっとおかしいかな。でも僕は、良く考えたら、映画でも、お話でも、一対一の対決が好きだった。

同じ一対一でも、戦う相手と距離が離れているというのが好きじゃなかった。だから、拳銃や弓矢を使ったりする戦いは嫌いなんだ。拳銃や弓があれば、敵との距離が百メートルあったって殺すことができる。僕はそんな道具には興味がなかった。そんな道具を使ったら、自分の敵がどんな人間で、どのように呼吸をし、どれくらい恐怖に怯えているかがわからない。そのように敵の息づかいを自ら感じることなく戦うのは弱虫の戦いなんじゃないかと、子どもながらに思っていたんだ。それに、身体の触れあっている敵と言葉を交わしたり、叫び声を聞いたりする状況では、殺すことはとても難しいことだと思うよ。だからアメリカの西部劇には全く興味を持てなかった。

でも僕は、ひとり、ちいさなグラディエイターの人形で遊んでばかりいたわけじゃないよ。大好きな友達と一緒に戸外でもよく遊んだ。僕たちの一番のお気に入りは、海賊ごっこだった。当時西ドイツでは、ヌテラという、パンに塗って食べるチョコレートナッツクリームが人気で、子どもたちはみんなヌテラが大好きだったんだ。ヌテラは今でも苺ジャムと同じようにドイツの家庭の朝食の必需品だ。僕は、いまだに時々ヌテラが恋しくなることがあって、スーパーに買いに走ったりするんだ。

ところで、ヌテラの瓶のフタには、マスコットキャラクターであるキャプテン・ナッツの漫画がおまけとしてついていて、当時子どもたちのあいだで大人気だった。僕はそのキャプテン・ナッツが大好きだったんだ。キャプテン・ナッツのストーリーは、もうすっかり忘れてしまったけれど、海賊だから、仲間を従え、宝探しをしたりするんだよね。で、僕はいつもキャプテン・ナッツ役だった。

キャプテン・ナッツに飽きると、こんどはターザンごっこで遊んだ。僕の役？　もちろんターザンさ。でも、僕たちのグループは、なぜかはわからないけれど、敵と味方に分かれて遊ぶってことをやらなかったし、別のグループと敵味方に分かれて遊んだりってこともしなかった。子どもだから、深くは考えていないはずだけど、全員が善人役で、悪役っていうのをつくらない遊び方をしていた。みんなで、仮想敵をやっつけたり、探検したり、難問を一緒に解決するっていう遊び方だったんだ。それが僕たちにとって、とても自然な遊び方で、毎日がすごく楽しかったんだよ。

僕が本格的にスポーツをやりはじめたのは、ギムナジウムに入学してからだった。確か13歳のときだったと思う。僕が選んだのはハンドボールだった。なぜハンドボールにしたかって？　ハンドボールのほうが、サッカーやバスケットボール以上にスピード感があって、生身の人間と人間のぶつかりあいがあって、エキサイティングだったからなんだ。

バレーボールやテニス、卓球は、考えもしなかったな。これらのスポーツにはネットを越えて敵の領域に入ってはいけないというルールがある。敵との物理的なコンタクトがない。それが僕にはなんだか物足りなかったんだ。肉体と肉体のぶつかりあいという、エロティックな要素が欠けているといったらいいのかな。その点、ハンドボールやサッカー、バスケットボールは敵味方がコートで入り乱れる。それはすごく面白いルールだな、と思ったんだ。

僕たちのチームは、学校内では一番強かったんだけど、でも他の学校との対抗試合では負けてばかりの、言ってみればルーザーチームだった。でも、おかげで負け上手になったかもしれないね。負け惜しみじゃないよ。負けても、悔しいとか、そういった感情があまり湧かなくなるんだ。それがいいことなのか悪いことなのか、僕にはよくわからない。でも勝ったり、負けたりを繰り返していくうちに、人は負け上手になるんだな、と思った。連勝していたら、決して見えてこない世界があるってことを知ることはできたと思うんだ。

ギムナジウム時代、僕には、ニコラスとヨルンという大親友がいた。ヨルンとはハンドボールでも一緒だった。今でも、この二人とは時々連絡をとりあっている。

当時、僕たちはいろんなことを語り合った。でも、16歳くらいまでは、大人になるなんてまだまだ遠い先のことに思えたし、兵役のことも話題にならなかった。いずれ兵役ってものがあるんだよなあと、ちょっと意識しはじめたくらいかな。でも、18歳が近づくと、やっぱりこのへんで真剣に考えなくっちゃいけないな、と思いはじめたんだ。

ドイツの兵役は早くて18歳からなんだ。大学進学を前提としない、ギムナジウム以外の学校、つまりハウプトシューレ（小中学校にあたる義務教育機関）やレアールシューレ（実科学校）を終えた生徒達は、18歳ですぐに兵役にいくケースが多かった。でもすでに、一定の職場で、例えば職人見習いとして働き始めている場合は、その見習い期間を終えてからでもかまわないんだ。ギムナジウムの生徒の場合は、17歳頃に、大学入学資格試験であるアビトゥアが控えている。で、その試験に受かり、そのままストレートに大学に上がって、すでに三学期（一年半）を修了していたら、兵役につくのは、学業がある程度すすんでからでもかまわなかったんだよ。兵役は、36歳までにやれば良いことになっている。そして、うまいこと海外に行くなどして、逃避に成功し、36歳を過ぎてしまえば、その義務は帳消しになるんだ。

兵役があることを知った時は、ただ面倒臭いな、と思っただけ。他の国には兵役がなくていいなとか、お隣の国の兵役はどのくらいの期間なんだろうとか、そういったことは考えもしなかった。でも、ドイツには当時、兵役をかなり楽に免れる方法がひとつあった。それは西ベルリンに引っ越すという方法だった。

西ベルリンは、前にもいったように、当時陸の孤島だったから、そこに住む人たちにはいろいろな特典が与えられていたんだ。たとえば、物価が低く抑えられていたりとかね。あそこに住むということは大変なことだった。西ヨーロッパと隔絶されていて、とりわけ交通が不便だったからね。

でも、西ベルリン在住者の兵役が免除されていたのは、特典というわけではなく、西ベルリンがミリタリーゾーン、つまり軍事的な特別区で、英米仏三国の軍隊が駐留していて、ドイツ国防軍が、１９９０年のドイツ統一まで置かれていなかったからなんだ。国防軍が置かれていなければ、当然徴兵はできない。

満18歳になるまでに西ベルリンに移住し、36歳までそこで暮らせば、兵役は免除になった。でも18歳を過ぎてから西ベルリンに引っ越す場合は、運が悪ければ、もともと住民票を置いていた町から召集がかかった。だから、僕も、ベルリンへの引っ越しを、ひとつの選択肢として、ある程度は本気で考えていたんだよ。でも18歳を迎える前というのは、ギムナジウムの生徒にとっては、アビトゥアの試験の時期に重なるわけ。だから、実際問題、ベルリンへの引っ越しはかなり難しかったんだ。ほとんどの生徒が親と一緒に暮らしていたし、アビトゥアの結果次第で大学をどうするか決めるわけだからね。だから最終的には、兵役につくか兵役を拒否するか、どちらかしかなかったんだ。

かつてのスクリュー工場。現在は映画館となっている。

「ぼくは兵役に行かない」

「ドイツになぜ兵役があるのか？」

学校では、誰もそんなこと教えてくれなかった。まるで、誰もが兵役があって当たり前と思っているかのようだった。でも、僕はどうしても兵役には行きたくなかった。だから、兵役に関してはニュース雑誌や新聞や本を読んで、自分で学ぶしか方法がなかった。

第二次世界大戦に負けたとき、ドイツは二度と軍隊を持つべきではないという考えもあったらしい。でも、アメリカとの関係が回復した、というか、アメリカがドイツに対しあれこれ指図するようになって、１９５４年に国防軍ができたんだ。国防軍ができた直接の理由は、１９５３年に朝鮮戦争が起こったからなんだよ。ドイツ側も、当時のアデナウアー首相がドイツには再び軍隊が必要だと主張したりしてね。軍隊をもつことは主権国家であることの印だ。戦後十年たったんだから、ドイツもまた軍隊を持ってもかまわないんじゃないか、というわけだ。

ところで、朝鮮戦争は、単に北朝鮮対韓国の戦争じゃなかった。韓国にはアメリカがつき、北朝鮮は中国（とソ連）がバックアップしていた。中国とソ連は１９５０年代は仲が良かったしね。で、やはりソ連がバックアップしている東ドイツは軍隊を持っている。だから、アメリカは西ドイツにも軍隊を欲しがったんだ。共産主義と非共産主義が出会うドイツで、東だけが軍隊を持っているというのはやっぱり都合が悪い。もし何か起こったら西ドイツも戦えるようにする。それが西ドイツに軍隊ができた理由だね。

西ドイツに国防軍ができた１９５４年当時、僕の父親や叔父たちは20代だった。戦時中に子ども時代を過ごした彼らにも、兵役は待っていたんだ。でも当時は、家族の誰かが戦死しているというケースが多かった。そのような場合は、兵役が免除になったんだよ。僕の母方の叔父や僕の父は、そういった理由で兵役に行かなくてすんだんだ。

でもね、僕の父は音楽が大好きでサクソフォンを吹くのが得意だった。で、彼は国防軍の楽隊でサクソフォンを吹いてみたくて、自主的に兵役についたんだ。まあ、彼の場合一日中サクソフォンの練習をしていたわけだから、兵役じゃないね。僕の父は、男は軍隊にいくべき、とかいう考えの持ち主じゃなかったしね。

今でもそうだけど、ドイツでは、男子は18歳になると査閲を受けることが義務づけられているんだ。査閲とは、兵役をつとめる能力があるかどうかを調べる身体検査のことだ。国防軍の役所からの通知で、いつ、どこへ集合するかが指示され、検査が行われる。この検査で軍隊活動不適応と診断されたら、兵役は免除。そうなれば万々歳だ。だから、みんな、身体検査に失格するために、ありとあらゆる悪知恵を働かせるわけ。視力テストなんてそのいい例だったなあ。みんな、壁に貼られた視力テスト用の記号はちゃんと見えているんだけれど、わざと間違えるんだ。もちろん、僕だって見えないふりをしたよ。聴覚テストではもちろん、難聴のふりをしたっけ。

でもね、ほとんどみんながそうやって見えないふり、聞こえないふりをするものだから、検査する側も、それが嘘だとちゃんとわかっているんだ。本当に視力や聴力に問題のある場合は、医者の診断書を提出しなければならなかったから、そうでない場合はみんな見破られている。だから、こうやって抵抗してもほとんど意味はなかったんだ。でも、それでもみんな、見えないふり、聞こえないふりをして、必死で最後の抵抗をしていた。抵抗せずにいられないというか、そんな感じだったなあ。

そうだ、いい忘れていた、身体検査だけで、すぐに兵役が免除になるケースがあった。それは身長が二メートルをはるかに越えている場合なんだ。その場合は健康的に問題がなくても、兵役を免除された。というのはね、国防軍にはそのような大きなサイズのユニフォームが用意されていないからなんだ。なんだかおかしいよね。

僕は当時、適応レベル2という成績で身体検査にパスしてしまった。2というのは、パラシュート部隊と工兵隊には不適応だけれど、他はやらされるというもの。そうか、僕は兵役に行かなきゃならないんだと実感したのは、その通知が来た時だった。で、兵役に行きたくない場合は、この時点で、行きたくない理由を書式にして提出するわけ。

今から考えてみると、僕たちの時代が、兵役拒否が一番難しかった。お役所とのやりとりが幾度となく行われ、あげくのはてに国を相手取って裁判しなければならなかったからね。最近では、行きたくないと意思表示するだけで、すんなり代替義務をさせてくれるし、海外でボランティアとして働くことだってできる。

当時は、このように兵役拒否に大変な手間がかかったので、大抵の人はさっさと兵役をすませるほうを取っていたんだ。それに、兵役のほうが、代替義務よりも一ヶ月短くてすむし、兵役は、最初の三ヶ月間の訓練さえクリアすれば、あとはかなり楽だと言われていたしね。ギムナジウムの僕のクラスでは、ほぼ全員が兵役についた。兵役拒否したのは僕を入れて四人だけ。そのうちの二人は健康チェックでひっかかって免除になった。もうひとりはアビトゥアの試験の直前にインドに行って、バグヴァン・ラジニーシ師のところにころがりこんだ。兵役にいかないから弱虫だとか、そう考える友達はひとりもいなかったね。だって、みんな兵役なんてないほうがいいと思っていたんだもの。

僕の親友のニコラスとヨルンは二人とも兵役を選んだ。もちろん拒否の手続きが面倒だったからさ。それに兵役は、要領さえよければ楽することができたんだ。ニコラスの話によるとね、兵役も半ばにさしかかると、宿舎に冷蔵庫やテレビやステレオを持ち込んで、ドラッグやってボケーっとしてたやつらが結構いたそうだよ。ニコラスは、アビトゥアの資格を持っていたんだけど、兵役についた者のうちではアビトゥア資格所持者って珍しかったそうだ。だから、本職の兵士がやるべき大砲発射の物理計算などを任されていたんだって。

ヨルンは三ヶ月の鍛練後、率先して看護兵のポジションについた。看護兵って楽だからね。ヨルンといえば、彼、上手い具合に戦闘演習を免れたんだよ。戦闘演習っていうのは、ごく少量の食料でテント生活をしながら、泥だらけの地面を這い回るなど、非常に体力を消耗するトレーニングをこなさなければならない、とても厳しい演習なんだけど、ヨルンはその演習が始まる直前に、ハンドボールをやっていて腕の筋を違えてしまい、これ幸いとオーバーに騒いで軍医にギプスをしてもらった。で、ヨルンの戦闘演習は免除になり、二週間の休暇までもらえたんだ。

ヨルンが休暇にはいった日、僕は電話で呼び出されてね、当時芸大志望で手先がわりと器用だった僕は、彼のギプスを外し、後でそれとそっくり同じギプスをつくらされたんだよ。腕の痛みは大したことはなかったから、ヨルンは休暇中、ギプスなしで楽しく過ごし、二週間後には、僕のつくったギプスで兵舎に戻ったわけ。ギプスの上の医者のサインも模写してね。軍医は、僕のつくったギプスに全く気がつかなかったらしいよ。まあ、そんなわけで、ニコラスの兵役も、ヨルンの兵役も、あっという間に終わったというわけ。

でもね、僕は、兵役のほうが簡単で早くすみそうだから、やっぱり兵役にしようかな、とは思わなかった。おじいさんを戦争で亡くしたから兵役はいやだとか、兵役をやれば、後々召集されるのが厄介だとか、そういったことは考えもしなかったな。

それに戦争に対する不安っていうものもなかった。当時の世界状況では、戦争が起こるとすれば、西側と東側の戦争だった。すると前線は東西ドイツの国境というわけ。例えば80年代にそこが戦場になっていたとすれば、両ドイツどころか、ヨーロッパ全体が破滅していたかもしれないよね。だから、そんなことは起こりえないと誰もが確信していた。

現在のように、国防軍がアフガニスタンやユーゴにまで出かけていって戦争をやるなんてことは当時想像もつかなかった。ドイツの法律では、国防軍は自国の防衛にしか従事してはならないという風に決まっていたんだから。ＮＡＴＯの領域を越えて、攻撃に出てはいけなかったのだから。

でも二十年後の今日、もういちど徴兵という問題にぶつかったら、もしかしたら、試しに兵役に行こうと考えるかもしれない。今の自分のずるさ、賢さ、今の自分に対する自信があれば、あえて兵役に参加して、軍隊の中の矛盾をさらけだしたり、軍隊を混乱させるような行動をとったりするかもしれない。でも、それもやはり小さな抵抗でしかないんだけれどね。

僕はね、軍隊の存在を否定しはしない。軍隊自体は悪ではないと思うからね。軍人や、兵役に従事する友人を批判するのは短絡的な考えだ。尊敬すべき軍人だっているだろう。特に職業軍人にはね。彼らは、言ってみれば公務員。そして軍隊は失業の不安のない職種なんだよね。問題は軍隊を何のために使うかというところにあると思う。僕に言えるのは、「僕は、ある軍隊の兵士には決してなりたくない」ということだけ。僕には、上司から何らかの指令が出され、いくらそれに反対でも従うしかないという状況、自分の判断で行動することが一切できないという状況が耐えられないんだ。自分が単なる道具と化してしまうなんて、とても耐えられない。軍隊では上司の命令には絶対服従で、一人でもそれに反抗すれば、軍隊は内部から崩壊してゆくのだからね。

でも軍隊が僕の道具になるんだったら別だなぁ。指揮をとる人間は、何が良いことで、何が悪いことなのか、真剣に考え、判断を下さなければならないわけだから。でも兵士には、何も決定権がない。下の世界には、創造性もモラルもまったく存在しない。つまり、撃てと命じられたら撃たなければならず、反抗したら罰則がある。だから撃つ。それだけはいやだ、絶対に。

兵役というのは、鍛練次第でどうにでもなる若者を、彼らが育った家庭からひっこぬいて隔離し、「道具」として教育するというものだ。青年たちを、ホームグラウンドに住まわせておいては、なかなかいいなりにならないからね。軍隊というのはそういうものさ。世界中の軍隊がそうやって形成されている。その場合、田舎に住んでいる若者たちのほうが動かしやすいんだよね。都会の青年たちは情報量も多いし、その都会にしがみつこうとするから、長期間、何もない田舎の基地での鍛練など考えられない。だから兵役拒否するケースが多い。でも田舎の青年たちにとっては、兵役は気晴らしにさえなるんだよね。

自分の理想があるのに、それを実現する方向に動けないという世界、それが軍隊の世界かもしれない。軍隊の世界には、軍隊内だけでしか通用しない歪んだ秩序があり、人はそれに縛られる。僕は、少なくとも自分の理想が実現する世界にいたいと思うから、軍隊の世界には拒絶反応が起こるんだろうね。

「そして裁判は始まった」

１９８０年11月、僕は国防省の地方代理事務所に、七ページにわたって手書きした兵役拒否の申請書を提出した。18歳のときだ。現在では、「兵役に参加しません」とひとこと書けば、自動的に兵役が免除となり、代替義務を行うことができる。でも、僕たちの時代には、「なぜ兵役を拒否するのか」という理由を書いて提出しなければ先へ進めなかった。

それも、「上司の命令に絶対服従する自信がない」とか、「戦争には反対だ」といった単純な理由を書くだけではだめで、兵役に対する良心的拒否が根拠づけられていなければならなかった。つまり僕の良心が、兵役につくことを許さない、然るべき理由づけが必要だったわけ。

僕の書いた兵役拒否理由は、自らの意志に反して敵を殺す自分を決して許せない、自分がそのような戦時における殺しの道具にされることに耐えられない、といったナイーヴなものだった。そして、テレビのベトナム戦争に関する報道で、ナパーム弾にやられて負傷した子どもたちの写真を見て、吐き気がするほどの拒絶反応が起こったことを子細に書き綴った。

１９８２年２月、僕は、地元の兵役拒否者審査委員会に出頭することになった。この第一回目の審議は早朝だった。役所の一室で、審議を待っていると、まず、バイエルン風のレーダーホーゼンにハイソックスをはき、帽子を被った男がはいってきたんだ。その男がその日の審査委員長だった。いかにも保守派といった感じの男だった。また、運の悪いことに、一般から選ばれた三人の同席者まで、みながみな保守的な農民で、男はみな兵役へいくべきだと考えるような連中ばかりだったんだ。彼らの顔をみた瞬間、これはだめだ、負ける、という思いが脳裏をよぎった。

審査委員長の質問は今でもよく覚えている。それは、「君は恋人と一緒に公園にいる。しかし、君が一瞬目を離した隙に、何者かが彼女に暴行を加えようとした。さあ、どうする？　しかも、君の手元にはたまたま拳銃がある……」といったひどいものだった。もちろん僕は、拳銃は使わず、素手で相手に飛びかかると答えたよ。ところが、その審査委員長は、「銃がそこにあるのに、なぜ使わないんだ、撃ちはしなくても、相手をその拳銃で殴るくらいはするだろう」なんて言ってくる。まるで僕は犯罪者で、尋問を受けているみたいだった。

他に覚えているのは、彼がしきりに、共産主義の悲惨さをこれでもかと強調し、共産主義がこの世にはびこっている限り、君は兵役につくべきなんだと繰り返したことだった。まるで僕を洗脳し、兵士に仕立てようとでもするかのような勢いでね。僕は、このような男を相手にしては、何を言っても無駄だと思いはじめていた。

案の定、僕の申請は却下された。四ページにわたる却下の理由は、まるでスープから糸屑でもすくうかのように、僕のナイーヴさを逐一攻撃する文書だった。そして、僕の申請書には、兵役拒否につながる決定的な理由が書かれていないと指摘されてしまった。もちろん、僕は異議申し立てをした。そして1982年8月、再び兵役拒否者審査委員会に出頭したんだ。

第二回目の審議のことは、あまりよく覚えていないんだけど、審査委員長は前回よりも感じが良かったし、一般の同席者は主婦とサラリーマンだったからそこそこ雰囲気はよかった。実は僕、この二回目の審議はうまくいったと思ったんだ。

でも、僕の申し出は、またもや却下された。もしかしたらうまくいくかもしれないと思っていただけに、却下されたときはかなりショックだった。このときも、六ページにわたる却下理由の文書が届いた。そこには、僕が東西冷戦の前線に位置するドイツの地理的な危機状況をまったく理解していないとか、ドイツ連邦共和国の防衛に関して何も意見がないといったことが書き連ねてあった。なんだかとても意外な気がしたよ。

こうして、二度にわたって兵役拒否申請を却下されて、やっぱり正攻法じゃ国家には太刀打ちできないんだということがわかった。当時、本屋へゆけば、兵役拒否者のためのハンドブックはたくさんあった。兵役拒否申請書の書き方マニュアルみたいな本がね。でも僕はそういうのを参考にしなかったんだ。おそらく、そういう本を読むべきだったかもしれないな。当時の僕は、つっぱっていたせいで遠回りすることになったかもしれないね。

兵役拒否の審議は二回までしか認められていないから、次の段階は国家を相手取っての裁判になる。裁判に負けた時のことを考えて、ベルリンや外国に移住する手も打っておかなければならない。だから、僕は一回目の審議で申請を却下された時、すぐ大学に入学したんだ。最終的に裁判で負けても、それまでに三、四学期くらいこなしておけば、教育課程にあるということで、とりあえず卒業までは徴兵を遅らせることができるし、途中でベルリンの大学に転学することだって現実的になってくるからね。大学に入った動機がそれだったから、学部なんて何でも良かった。とりあえず社会学にしたんだけれど、社会学への興味なんてまるでなかったたんだよ。大学の勉強もあまりしなかったな。だって、兵役拒否の裁判の準備のことが、いつも気になっていたんだもの。

兵役拒否の裁判の準備として、まず僕は実績のある弁護士を探し当て、すぐに訴訟申し立てをした。また、これまでに勝った人たちの裁判記録をいくつも読ませてもらった。そして、どのような理由があれば裁判に勝てるかを模索しはじめた。裁判までは一年間あったから、充分な準備をすることができたんだ。

僕の弁護士は仲間の弁護士と三人で共同事務所を開いていて、一人は離婚を、もう一人は外国人の権利問題を、そして彼は兵役拒否を専門に担当していた。今では兵役拒否専門の弁護士なんてもう一人もいないんだよ。兵役拒否は全て受け入れてもらえるんだから。

裁判にのぞむにあたって、彼が僕にアドバイスしてくれたこと、それは、決して本音を言ってはいけない、ということだった。どんな作り話であっても、何度もリハーサルを行い、あたかも事実であるかのように言うんだよ、ってね。それから、途中で裁判官から質問が出たら、君は一言も喋ってはいけない。弁護士である僕がすべて答えるから、と念をおされた。僕は、そんな裁判に勝つための「きまりごと」を知って、びっくりしたよ。

いったい僕の過去に、どのようなストーリーがあれば、僕が兵役に適応できない人間であることを国家に証明できるのか？ それについて、僕は色々思いをめぐらせてみた。でもそんなフィクション、なかなか思い付かないんだよね。で、結局、僕の弁護士が、僕の意見をとりいれながら、ストーリーを考えてくれた。それは全くでたらめな作り話だった。

どんな作り話だったかと言うとね、僕は高校生の時、友達とフランスのヴェルダンにいったという設定なんだ。ヴェルダンは第一次世界大戦時、何千、何万人ものフランスとドイツの戦士たちが、双方の撒いた毒ガス（からしガス）で死亡した場所だ。そこには今日、巨大な墓場がある。僕たちは日中、その墓場に行き、その夜、近郊のレストランに入った。レストランには肉料理しかなかった。僕の友達は平気で肉を食べていたけれど、僕はどうしても食べる気になれなかった。その晩、僕は結局何も食べずに過ごした……、というものだった。

でもね、僕はヴェルダンに行ったこともなければ、そんな場所があることさえ知らなかった。でも、弁護士の書いてくれた通り、僕は、自分が体験したことのない、作り物の過去を丸暗記した。それはそれは奇妙な気持ちがしたよ。そして、その架空の過去が、まるで本物の過去のように語れるようになるまで、何度もリハーサルさせられた。俳優の仕事って、もしかするとこんな感じかな、と思ったよ。

そうそう、弁護士は僕に、裁判の前に一度裁判所を見学しておくようにとアドバイスしてくれたんだ。裁判の当日、初めてその建物にはいって緊張すると良くないから、といってね。彼に言われた通り、僕は、近いうちに出向くことになるシュレースヴィッヒの裁判所を見学にいった。裁判所の中にはカフェテリアがあったので、僕はそこで一人コーヒー飲みながら、周りの様子を伺っていた。

近くのテーブルでは、休憩中の裁判官たちがお茶を飲んでいた。しばらくすると、その裁判官たちは大きな声で、信じられないような話をしはじめた。「今日はもう二度も勝たせてやったから、次くらいはダメにしてやろうか」とかね。彼らは、カフェテリアに、まさか僕のような外部の者が座っているとは思わなかったのだろう。僕は自分の耳を疑ったよ。

そんなの、まるでくじびきみたいじゃないか。その日、全て兵役拒否の裁判ばかりだったんだけど、裁判官がこれでは、何をやっても無駄だと思ったよ。

でも、そんな現実を知っておいて、良かったと思う。負けても、それは裁判官たちのご機嫌のせいなのだからね。裁判所に見学にいってから、僕は負けた時のことを考えはじめた。もしこの裁判に負けたら、僕はベルリンに引っ越そうと真剣に考え始めたんだ。そうでなければ外国にいくつもりだった。まだ、アジアや日本という国に興味を持ちはじめる前のことだから、外国といっても、ヨーロッパのいずれかの国だけれどね。

裁判の日取りが決まった時、僕は弁護士にシュレースヴィヒの裁判所での体験を話した。すると彼は、笑ってこう言ったんだ。「君の場合はたぶん大丈夫だよ。君のはその日の最後の裁判だからね」ってね。僕が首をかしげていると、彼は「一日の最後の裁判は、裁判官たちもさっさと済ませて早く家に帰りたいから、複雑な展開にはならない。だから勝つ可能性はとても高いんだよ。それに、その日の最後の判決で人を不幸にして家に帰るのは、裁判官としても気持ちのいいものじゃないから、勝てるはずだ」って言うんだ。僕は一瞬驚いたけれど、三度目にして、ツキがまわってきたのかな、とも思った。でも、僕は、それよりも前に負けてもいいやという気持ちになっていたこともあって、とてもリラックスして臨むことができたんだ。

1984年4月の裁判の日、僕は皮ジャンにジーンズ、ベレー帽といういでたちだった。僕はこの日のために外見をとりつくろうことはしなかった。弁護士は、「委任者は外観上つっぱったふりをしているが、実際には非常に傷付きやすく、か弱い青年で、武器などとても使用できる人柄ではない」とか言ってくれるわけ。丸暗記するまで、何度もリハーサルしたおかげで、僕は架空の過去を自信をもって語ることもできた。

裁判は一時間くらいだったかな。その場ですぐに判決がでるんだけど、最後に裁判官が僕の勝利を告げてくれた時には、ほんとうに気持ちよかったよ、だって、僕の訴訟相手はドイツ連邦共和国で、僕は国家に勝ったわけだからね。僕は弁護士と抱き合って喜びをかみしめた。でも、考えたらおかしいよね。僕が勝ったのは、行ったこともないヴェルダンでの架空のお話のせいなんだもの。僕はヴェルダンにある戦士たちのお墓のおかげで兵役につかなくてすんだ。それは、今考えてもとても不思議な気持ちがするよ。

でも本当におかしいというか、ばかばかしいのは、おとなしく兵役につくことを断固として拒み、軍隊の是非について真剣に考えている真面目な連中が、最後の最後で、国家に対し、虚偽の演技をやるっていうことだよね。まあ、裁判自体も公正でないから、どっちもどっちだね。

この裁判を通じて学んだことはね、普通の人間と、強く自己主張する人間の違いがあるっていうこと。僕が一回目と二回目の審議に失敗したのは、僕が普通の人間にとって、やっかいな「強く自己主張する人間」だったからなんだと思う。普通の人間には、強く自己主張する人間がうっとうしいんだ。自己主張する奴に対するコンプレックスもある。だから、普通の人間が、仮に、そういった自己主張する人間を押さえ込む権限を持っていたら、例外なくその権限を行使するんだ。それが正しくなくてもね。人間ってそういうものなんだと思った。日本にはそれを見事に言い表わしている「出る杭は打たれる」ということわざがあるんだよね。

僕が学生の頃の話だけど、反核デモなんかに参加するとね、警官がいっぱい出動しているよね。で、デモを仕切っていた連中は、警官たちに対しても批判をこめたスローガンをうたっていたんだ。

そんなスローガンのひとつに「僕にはお金も名誉もない。だから制服が欲しいんだ」というのがあったんだ。

もちろん、優れた警官や兵士たちがいることは百も承知。でも、中には、制服という名のタイトルを持ちたがるだけの人がいるんだよね。

「人生観が変わった代替役務」

兵役代替役務にはいろいろな職種があった。当時一番ポピュラーだったのはドライバーかな。障害者たちの移動のお手伝いをするドライバーだよ。代替役務の仕事は、自分で探すことができる。自分で探さない場合は、国からどこそこへいけと指示されるんだ。それだけはいやだったから、仕事は自分で探すことにした。新聞の求人欄には兵役代替役務の募集広告も出ているからね。

兵役代替役務は、通常、一日八時間労働のルーティンワークで、すぐ習得できる職種ばかりだ。病院や障害者などの施設は、常時兵役代替役務者を募集している。兵役代替役務者には国家が給料を払ってくれるから、病院には一切コストがかからない。だから、どの病院も、兵役代替役務者をすごく欲しがっているんだ。もし兵役代替役務者がいなければ、ドイツの医療・福祉システムはきっと崩壊するはずだよ。そうしたら、それでなくても高い健康保険料などがもっと高くなるかもしれないね。

でも、病院や施設の他にもいろいろ職種がある。まあ、社会的な仕事がほとんどだから、障害者のデイケア、教会の番人、ユースホステルの管理人といったものが多いね。中には、孤島で渡り鳥の数を数える調査員、なんていうのもあった。今では、保育園の先生にもなれる。でも、僕の時代には、素直に兵役につかないような男が、教育に携わっていては、子どもたちに悪影響がある、なんて言われて、保育園では働かせてもらえなかったんだ。

最近、ドイツの兵役代替役務者が日本の老人ホームで働いていることが大々的に報道されたけれど、まるで夢みたいな話だね。二十年前には考えられなかった。彼らは兵役拒否と海外での語学の習得をドッキングできるわけだから、一石二鳥。現在の青年たちは、一言イヤと言えば兵役につかなくてすむし、世界各地の好きな場所で兵役代替役務者を全うできる。本当に恵まれていると思うよ。

結局僕は、ハンブルク市内の重度の障害者施設に兵役代替役務の希望を出した。しばらく返事がなかったので、これはだめかな、と思ったら、ある日、急に手紙がきて、働けることになった。この施設は早番と遅番と夜勤の三交代制。で、僕のような兵役代替役務者は、なるべく夜勤につかせないように、との決まりがあった。夜勤でない場合は、早番と遅番を毎週交互に行うというのが普通だった。

ところが、意外なことに施設側が、「君、夜勤だけやってみないか」と持ちかけてきた。どうやら夜勤スタッフが不足していたんだね。で、七夜連続十時間勤務すれば、次の七日間は全くの休みにしてやる、と提案してきたんだよ。もちろん、そんなの違法だよ。僕が当時それを公けにしていたら、大問題になったはずだ。でもね、普通なら毎日働かなければいけないから、これは僕にとってもなかなかいい条件だなと思ったので、引き受けることにしたんだ。報酬も良かったし、国は兵役代替役務期間中の僕の家賃も全額払ってくれたしね。当時、兵役は十五ヶ月、兵役代替役務の場合は十六ヶ月だった。そのうちの半分の期間が休暇になったわけだから、僕の兵役代替役務期間は実質八ヶ月くらいということになるよね。

始める前までは、これはおいしい仕事だと思ったけど、実はそうでもなかったんだ。そこは、重度の肉体的・精神的障害者の施設だったから、たぶん、最初の二週間くらいは、仕事を覚えるためにインストラクターがついてくれるだろうと思っていた。でもね、そんなシステムは一切なかった。初日に隣のステーションのスタッフがきて、おしめの替え方とベッドメーキング、緊急時の電話番号を教えてくれただけ。

翌日からさっそく仕事が始まった。でもそこは、三日でやめたくなるような職場だった。何といえばいいのか、一種奇怪な世界だったんだ。

僕の担当は、子どもばかりの棟だった。全部で十四人いて、そのうちある程度の会話ができる子は二人だけ。その他は四歳児レベルからほとんど成長していなかった。洗濯用の洗剤を食べる子、たばこの吸い殻を探してきては食べる子、ローソクを食べる子、手当りしだい噛みつく子と、みんなそれぞれに奇妙な癖をもっていた。重度のダウン症の子どもが多かったな。そのうちの一人は、僕の働いていた間にどんどん弱って、肝臓と腎臓が機能しなくなって死んでしまった。そうそう、人の話を全く理解できないモンゴロイドの女の子もいた。彼女はところかまわず排せつし、それを平気で食べる子だった。他に、チック症の子や、てんかん症の子がいた。

母親がアル中だったり、ドラッグ常用者だったたせいで、障害児になった子どもが多く、そんな子どもたちのところへは、誰も訪ねてこない。だから、スタッフがいくらがんばったところで、改善のしようがない。彼らは、やがて衰弱して死ぬことを周囲から望まれた子どもたちだったんだ。

しかし彼らは、目を放した隙に、ありとあらゆるものを口に入れたな。普通の人間が、彼らと同じことをしたら死ぬかもしれないよ。でも彼らは、幼い頃から毎日、あらゆるものを食べてきたから、全く平気なんだ。僕にできるのは、施設の物置きや戸棚に常に鍵をかけ、ゴミ箱をカラにし、彼らが何も持ち出せないようにすることだけ。そして、万一そのような現場に遭遇したら、食べるのをやめさせることだけだった。

ある日、僕は、一人の子どもが洗剤を食べてしまったのを発見し、これは吐き出させなければならないと思って、大慌てで医者を呼ぼうとした。すると、緊急電話口で、そんなつまらないことで医者を呼んじゃいけないよ、食べてしまったものは仕方ないから、まあ、今後気をつけるように、とだけ言われた。僕はかなりショックを受けた。この子たちは、幼い頃からそのようにしか扱われていないから、何でも食べるようになっちゃったんだ、と思った。

僕の担当の子どもたちはほとんどがおむつをつけていた。親にとっては、わが子のおむつって可愛いものなんだろうけど、思春期の子たちのおむつは大変だ。中には二メートル近い巨体の子もいたから取り替えるのは大変だったよ。

僕の仕事は夜の八時からだった。八時前に遅番と引き継ぎをし、その日の子どもの症状などを聞いてメモする。遅番の人は、引き継ぎの前までに全員のおむつをとりかえて、ベッドにおくりこんでおくことが決まりになっていた。でも、引き継ぎはほんの五分だから、それを実際に確認することができない。で、僕が見回ったら、誰一人おむつを替えられていない、ということがよくあった。だから、最初の二時間は、おむつの取り替えに追われるわけ。夜勤は通常、朝六時に終わるんだけど、早番の人が寝坊してやってこないこともよくあったな。

夜勤中、僕はステーションにたった一人きり。子どもはみんな食事をすませているから、仕事といえば、子どもの散らかしたあとの掃除や、トイレの世話、寝付くことのできない子どもの相手などだった。まあ、どんなに遅くても十一時にはみんな寝てくれる。すると、朝までは一人、本でも読むしかなかった。今なら朝までテレビ放送があるから、それを見ていればあっという間だけど、当時は夜中で放送は終わりで、チャンネル数も四つくらいしかなかったから、深夜から朝まで本を読むわけ。で、読書の合間に、一時間おきくらいに子ども達の部屋を見回って、異状がないかを確認していた。

たまに、深夜に誰かが泣き出したり、痙攣をおこしたりすることもあったけれど、何ヶ月かやれば、だいたい、どう対応すればいいのかがわかってきた。最初はもちろん痙攣する子どもを前にうろたえたけど、やがて痙攣のタイプを識別できるようになり、どのようなタイミングでバリウムを投与すればいいかもわかってきた。バリウムがきかないことがわかって、初めて医者を呼ぶことが許された。でも、やってきた医者は、自分の手は汚さず、夜勤の僕に、引き続きバリウムの投与をやらせるだけ。バリウムは肛門に押し込まなければならないんだけれど、それを僕にやらせるんだよ。でも、何よりも大変だったのは、朝まで起き続けていなければならないことだった。仮に寝てしまって、その間に何かが起こったら、大変な責任問題になるからね。

でも、そんな夜勤中にも、楽しいことはあったんだよ。たまに、数人の子どもたちが、まだ寝たくないとだだをこねることがあって、そんな時は、一緒にテレビでもみようかということになる。彼らとテレビを見るとすごく面白いんだ。何しろ、テレビの世界と現実との区別がつかないんだからね。いつだったか、「ロッキー」を一緒にみていた時、ボクシングのシーンになると、子どもたちはみんな、パンチが自分に当たるんじゃないかと怖がって、テレビからあとずさりするんだ。そんなときは、みんなで大笑いしたものだよ。

それに、いくら重度の障害児であっても、彼らには意識があるし、脳ははたらいている。だから、今日は僕を困らせてやろうとか、今日はいい子にしようとか、彼らなりにいろいろ考えてるわけ。ローソクを食べる子が、僕を喜ばせようと、引き出しから盗んだローソクを僕にくれたり、いつも痙攣を起こす子が、僕を困らせようと痙攣のフリをしたりね。彼らにも、そういうことができるんだ。

僕は、十六ヶ月の代替役務を終えてからも、この仕事を一年間ほど続けた。なぜかっていうと、一人暮らしをするためにアルバイトしなきゃならなかったからね。それなら、この慣れた仕事を、そのまま続けようと思ったんだ。でも、アルバイトとして働き始めてからは、子どもばかりの棟じゃなくて、大人や老人の棟に回されたから大変だったけれどね。

その施設でのアルバイト時代、僕の担当した棟に、ナチス時代に狂人扱いされて、以来ずっと施設暮らしをしているという老婆がいた。でも彼女、頭はしっかりしていて、まるでその棟の主《ぬし》のような女性だった。僕などいつも命令されてね。

他に、四六時中ベッドに縛り付けられている女性もいた。そうしなければ、彼女は窓ガラスを壊したりしてしまうんだ。何しろ彼女は、夜勤スタッフに襲いかかって、腿肉を噛みちぎったこともあるくらいだからね。

僕は、兵役拒否をする時、暴力は断固許せないとか、権力的なものを断固否定するとか、いろいろ思いをめぐらしていたんだけれど、この施設の中では、時に権力をふるわなければならないことがあって、少し混乱したね。

このように、施設での体験はひどいものだったんだけれど、いい勉強になったよ。人間というのは、どんなひどい状況にあっても、希望を持って楽しく生きることができるんだ、ということがわかったからね。あれほどの障害を抱えているのに、あの子たちはあの子たちなりに、人生を楽しんでいる。いたずらしたり、食べ物じゃないんだけど、自分たちの好きなものを食べたりしてね。そして、彼らと僕の間に、コミュニケーションの可能性があることを知ったのも大発見だった。この体験は、僕の人生観をかなり変えてしまったよ。それからの僕は、人生というものを、もっと気楽にリラックスして考えるようになったんだ。大袈裟かもしれないけど、それは、ダンテの地獄を通り抜けたような体験だった。

代替役務は、僕にとって、結果的にはよい経験となったけれど、僕は、兵役というものはなくなるべきだと考えている。そして兵役をなくしたら、代替役務もなくさなければならない。それは兵役の裏返しとして存在するものだからね。この世のいかなる国家も、若者たちを半ば強制的に軍隊に送り込む権利はないはずだ。僕のその気持ちは今も変わらない。

とりあえず現在では、若者たちが行きたくないと言えば、それだけで兵役は免除され、自動的に代替役務につくことができる。それは、とてもいいことだと思っているんだ。こうなったのも、僕たちの時代に、何人もの若者が兵役を拒否し、国家を相手取って裁判をし続けた、その積み重ねがあったからだと思う。僕たちの小さな抵抗が、すこしずつ報われているしるしだと思うんだ。

僕は、現在の段階では、ドイツに軍隊は必要ないと思う。これって突飛な意見だろうか？でも、ドイツの周囲には敵国なんてないからね。たとえドイツが軍隊をもっていなくても、周辺国がドイツに攻めてくるということはないはずだ。もちろんＮＡＴＯのメンバーとしては、ＮＡＴＯの決定に従うべきだけど、現在のように、むりやり法律改正までして、ＮＡＴＯ域外にまで軍隊を派遣するのは良くないと思うな。もちろん、ＮＡＴＯのパートナーが窮地に陥って攻撃されたら助けるというのは理解できる。でもアメリカがテロ戦争をやっているからという理由で、アルカイダ壊滅に協力せよといっても、それはできないよ。ドイツにアフガニスタンやイラクで戦争しろなんて、むちゃくちゃな発想だよね。

僕はＮＡＴＯを早期解散すべきだと思っている。緑の党は、ドイツ統一直後にそれを主張していたんだけど、今ではもうそのことをすっかり口にしなくなってしまった。でも、アメリカに利用されないようにするためにも、ＮＡＴＯはすぐにでもやめるべきだ。今のＮＡＴＯっていったい何だろうと思うよ。ワルシャワ条約機構はもう存在しないのにね。ロシアはかつてＮＡＴＯの敵だったものだから、コンプレックス感じてるよね。だからＮＡＴＯは、最近では何をするにもロシアにお伺いをたてている。ロシアはすでにNATOの傘下にはいったといってもいいよね。ロシアをNATOにいれるべきだという意見もあるくらいだ。

でもそれ以前の問題として、NATOなんていらないんだよ。NATO以外の世界は敵だという意識をうえつけるようなNATOなら、やめるべきだね。

一番いいのは、世界的な規模で機能する軍隊を発足させることだろう。そうなるとやはり国連軍になるのかな。でもそれは独自の国連軍であるべきだね。例えば、ドイツ国防軍が国連軍として召集されるのではなく、ドイツをはじめ、各国の政府とは別個に自立的に機能する軍隊。それは複数の国から成り立っていないといけない。今の国連軍はやっぱり米軍中心だから、それはそろそろおわりにすべきだね。

でも、そんなの実現させるのは難しいだろうね。アメリカの核兵器はすごいし、アメリカはどこにでも顔を出してくるからね。

ハンブルクの倉庫街

「真夜中の宮本武蔵―フェンシングから居合道へ」

僕の兵役代替役務中に起こった最大の事件、それは日本に興味を持ちはじめたことかもしれないな。夜勤中は、何もトラブルが起きなければ、早朝まですることがない。あの頃、殺風景な施設のステーションで眠気を追い払うには、読書するしか方法がなかったんだ。

思えば、僕が初めて読んだ日本に関する本が、吉川英治の「宮本武蔵」だった。この本は、確か、ギムナジウム最後のクリスマスに、両親がプレゼントしてくれた。当時、僕は、新聞で剣道についての記事を読み、どうしてもやってみたくて、家でもそのことばっかり話していたからね。結局、時間的、距離的な問題があって、剣道を習うことはできなかったんだけど、その頃から、すこしずつ日本に関する本を読むようになったんだ。兵役代替役務中は、読書ばかりしていた。ラフカディオ・ハーンとか、三島由紀夫とかを片っ端から読んでいくうちに、日本への興味がどんどんふくらんでいったんだ。そして、代替義務を終える頃には、日本学を勉強しようと心を決めていた。

剣道の代わりといってはなんだけど、最初の審議を終えて大学に入った時、フェンシングを始めたんだ。兵役代替役務中もずっとやっていたんだよ。前にも言ったけれど、僕は昔から一対一の戦いが気に入っていた。それにフェンシングって三銃士みたいでカッコいいじゃない。試しにやってみたら、これがなかなか面白い。居合いに出合うまでの五年間くらいは、フェンシングをやっていたんだ。

僕は、ずっと長い間、居合いのことを知らなかった。あれは、兵役代替役務が始まる直前だったかな、ハンブルクのある百貨店の日本週間の催しで、居合いのデモンストレーションが行われたんだ。僕は、偶然、そのデモンストレーションを見たんだけど、その時「僕は居合いをやらなくちゃいけない、どうしてもやらなくちゃいけない」と強く思ったんだ。なぜかはわからないけどね。

居合いはハンブルクのアルスター道場で習えることがわかった。でも、僕の兵役代替役務は夜勤なので、時間があわない。だから、兵役代替役務が終わったら、始めようと心に決めていた。結局僕が始めたのは１９８６年だった。居合いをはじめてから、フェンシングをやめることにした。最初の半年は、居合いとフェンシングの両方をやっていたんだけど、徐々に、僕には居合いのほうがあってることがわかってきたからね。

居合いはひとりでやるもので、試合とかゲームじゃない。でも、フェンシングはどっちかが勝ち、どっちかが負けるというゲームだ。それは、フェンシングの起源である「生きるか死ぬかの戦い」からはほど遠い。今や、フェンシングはあまりにもゲーム化され、細かいルールに縛られているから、殺気がないんだ。でも、まあ、それは居合いも同じかもしれない。でも、居合いはやりながら、勝ち負けではなく生きるか死ぬかを考えるものだ。そこがどんなスポーツや武道とも違うんだ。

居合いでは敵を仮想する。で、僕が充分上手でなければ死んだり、怪我をしたりする。生と死をみつめる真剣さがフェンシングよりはるかに濃い。いや、濃すぎる。

フェンシングでは、剣先が相手の身体に触れさえすればいいだけ。でも居合いは違う。フェンシングにおいては、生と死をわける肉体のフォルムを鍛練するのではなく、ポイントを稼ぐための合理的なフォルムを練習する。そして、強い選手になるほど、正しいフォルムでフェンシングをしなくなる。合理化により、フォルムが崩れてくるんだよ。しかし、居合いでは、仮想敵を斬ることができるまで、自らのフォルムは徹底的に直され、日々、無駄な動きが削がれて、完璧な動きに近付いてゆく。どう動いたら生き残れるか、どう動いたら死ぬかを常に考える。それは、イメージ豊かな世界だと思うんだ。だから、居合いは、フェンシングや剣道とくらべると、遥かにリアルだと思うよ。

フェンシングや剣道と居合いの目的は、もしかすると、両極端なのかもしれないね。剣道もフェンシングに似て、ポイントとりのゲームで、これまた現実の生と死には関係がない。現実の世界では、一度刀を抜いたら生きるか死ぬかの真剣勝負。しかし剣道やフェンシングは、何度でもリセットしてくりかえすことができるという、遊びの要素がはいったものだ。でも、居合いは最初の抜き付けで失敗すれば、それでおしまい。そういった居合いの独自性が、とても好きになったんだ。それに、居合いをやっていて、具体的な敵がいないことを不自由に思ったことはないしね。

それにしても、日本刀はきれいだよね。そして日本刀を扱う人間の動きもきれいだ。僕は刃物に興味があったから、日本刀というエレガントな武器が、いったいどう機能するのか自分の身体をつかって知りたいという、そんな興味もあったんだ。居合いっていうのは、最終的には刀を使わなくてすむ道を学ぶわけだから、非常に奥が深い。居合いは刀をつかって人を殺す術のように思われがちだけれど、本当はその刀を無効にするための道だ。それを興味を同じくする仲間たちと一緒に練習していく。居合いには、人間の成長のためのヒントがたくさん隠されている、実に幅広い道だと思うよ。居合いは誰かと戦うものでなくて、一人っきりでやるものだ。それは、自分自身がより良い人間となるための道。自分との戦いだよね。

僕は今日に至るまで、十六年居合いをやり続けていることになる。もちろん、最初は技術を覚え込むだけだった。でも、それだけなら、けっこう早く習得できるものなんだ。僕の居合い人生における最初の転機は、居合いを習い始めた１９８６年、初めて日本に行き、大阪の春風館での練習に参加したことだった。その後、僕はすぐ、アルスター道場の居合いのトレーナーを任されるようになったんだ。それまで居合いを教えていたトレーナーが弓道と剣道に力をいれていて、居合いを教える余裕がなかったこともあるけどね。

次の転機は１９８９年、ある居合いの先生と出会ったことだ。この出会いは本当に大きかった。彼に出会って僕の居合いに対する意識はずいぶんかわったからね。何しろ、彼の居合いはすごかった。見るだけで、彼が日本一とも言われる人であることが明らかにわかる、そんな居合いなんだ。あんなに日本刀をうまく扱える人は見たことがなかったし、エネルギーいっぱいで、動きに無駄がなかった。僕は、１９８９年から１９９０年まで奨学金を得て、東京の大学に留学したんだけど、正直言って、この一年間、大学で勉強する時間よりも、この先生の道場で稽古していた時間のほうが長かったと思うよ。僕にとっては、まさに居合いで明け暮れた一年間だった。

でもね、なんだかんだ言って、居合いをやりたかった本当の理由は、つきつめると、居合いがかっこよかったからだと思うな。居合いは、僕にとって、エキゾティックというより、クールだった。それに、僕の頭の中では、日本は極東のエキゾティックな国っていうイメージはまったくなかったね。兵役代替役務に従事しているときに、日本の本をたくさん読んで感じたんだけど、江戸時代までの日本って、僕の目にはなかなかクールでかっこいい国なんだよ。

ところで、アメリカにはカウボーイがいて、日本にはサムライがいる。これらは、国民的英雄というか、そういったものだよね。でも、ヨーロッパにはそういうヒーローがいない。いや、ヨーロッパには騎士道があるじゃないか、と言う人がいるかもしれないけど、それはハリウッド映画の世界のお話さ。だから、ヨーロッパにおいても、子どもたちのヒーローはカウボーイだったりする。イギリスの海賊もヒーローの部類にはいるかな。まあ、ヨーロッパにも小さなヒーローはいるけど、なんだか今ひとつぱっとしないんだ。なぜ、ヨーロッパにヒーローっていないんだろうね。

だから、ヨーロッパでは、カウボーイのほうが有名で、ドイツには、なぜかアメリカが舞台のカウボーイ小説で名を成したカール・マイというベストセラー作家がいる。だけど、僕はサムライのほうが気にいっていたんだ。

サムライのかっこよさは、日本刀を扱う技術もそうだけど、何よりもストイックなところだ。

生きることにあまり執着していなくって、死ぬ必要があるなら、あっさりと死ぬじゃないか。ちっとも未練がましくなくって、表向きは死を怖がっていない。死ぬことがあまり重要視されていない。何ていうのか、死ぬことを怖がっていたら、人生楽しくないっていう、そのあたりの思想が魅力的だったんだ。日本人のいう「仕方ない」という諦観的な姿勢は、決してネガティヴではなく、さばけたいい姿勢だと思うよ。

僕が好きな日本のヒーロー？　そうだなあ、宮本武蔵もかっこいいし、弁慶もすごくクールだよね。あと忘れていけないのは黒沢映画。黒沢映画は居合いと出会う前からいろいろ見ていた。「七人の侍」は繰り返し見たなあ。三船敏郎は僕の好きなかっこいいサムライのイメージにぴったりの俳優だったしね。クールで派手なのがいいよね。

まあ、ここ数年、僕も大人になったのか、「七人の侍」では、勘兵衛のほうが、より面白いキャラクターだと思うし、勘兵衛こそ、武道をやる人間が到達すべき人物像だと思うようになった。でも、勘兵衛もかつては菊千代だった頃があるわけだよね。ちょっとバカで派手で短気で……。でも長年の鍛練で、よりよい人間に成長し、人に勝つことを学ぶのではなく、自分自身が良い人間になることを学ぶ。現在の僕は、そうだなあ、菊千代と勘兵衛の中間くらいかかな。

「60年代生まれの僕」

ドイツでは、1968年頃活発だった学生運動に関わった世代のことを、「68年世代」と呼んでいる。たとえば「緑の党」を起こした一人で、現在、外務大臣兼副首相であるヨシュカ・フィッシャーなど、典型的な「68年世代」だ。彼は、70年代には左翼活動家として空家を不法占拠したり、元ドイツ赤軍幹部と接触していたこともあったらしい。

僕自身は、学生運動が盛んだった時は子どもだったから、すべて後になって知ったことだけれど、ドイツにおける学生運動の目的は、旧態依然とした大学システムの改革だったんだ。彼らは、単に暗記する学問ではなく、自分たちの頭で考える学問を求めた。これまで無視され続けてきた個々の学生の創造性を新たに獲得しようとしたんだ。「68年世代」はまた、戦前と全く変わりばえのしなかった当時の大学のシステムだけでなく、ベトナム戦争にも、そしてアメリカにも「ノー」をつきつけた世代だ。戦後の奇跡的な経済復興のさなか、ナチス時代に対する反省も充分にないまま、ドイツという国はこんなに安易に発展してもいいのだろうかという疑問を胸に、とりあえず国家や体制に反対する、それが彼らのスタイルだった。彼らにとっては、大人たちが、あたかもナチス時代の十二年間など存在しなかったみたいに振る舞い、アメリカを友達のように歓迎しているのが耐えられなかったんだね。「68年世代」は、ドイツの罪から何かを学ぼうとしていた。ナチスの十二年間を帳消しにしたくなかった。だから国防軍の是非についても、猛烈な議論を行ったんだ。ベトナム戦争に対する反戦運動は大変なものだった。

学生運動の中心は、フランクフルトとベルリンだった。学生運動のリーダーたちの中には、現在の外務大臣、ヨシュカ・フィッシャーのように、後に政治家になった連中もいれば、バーダー・マインホフ・グループのように、赤軍派になった連中もいる。政治家になった連中のほとんどが、フィッシャーのように緑の党の基礎をつくった人たちだった。

内務大臣のオットー・シリーも、現在は社民党だけれど、当時はフィッシャーと同じ緑の党で、赤軍派テロリストのための弁護士までやっていたんだよ。ところが彼は、ある時自分の立場を百八十度変えてしまった。国家に対し、長年赤軍派テロリストを弁護してきたわけだけれど、国家側に寝返ったんだ。

でも、シリーより極端なのはホルスト・マーラーという弁護士だ。彼も赤軍派のテロリストを弁護していた。ところがある時、自分もテロリストになってしまい、逮捕され、二十年間も監獄にはいっていた。その後、アンチ赤軍派となり、今度は極右党であるＮＰＤ（ドイツ国家民主主義党）の党員になってしまった。これまた百八十度の転向だ。一度は国家を否定し、テロリストにまでなった人間が、今度はその国家を極右へもっていこうとする……。

「68年世代」は予測がつかない、どこまでも過激な世代なのかもしれないね。

でもね、平和運動とか反戦デモとかは「68年世代」からはじまったんだよ。具体的にはベトナム戦争の時からだ。また、ＮＡＴＯは、１９７９年に、加盟国内での反対運動にもかかわらず、域内に中距離核ミサイル、パーシング２を設置し、ソ連とのＩＮＦ（中距離核戦力）交渉を進めるという「二重決定」を下した。ドイツで平和運動が最高潮に達したのが、このＮＡＴＯの二重決定の是非が激しく議論されていた１９８３年のことだった。僕たちはみんな、「なぜアメリカがドイツに核兵器を置かなきゃならないんだ」という怒りでいっぱいだった。

１９８３年10月、僕たちは首都ボンで行われた、アメリカによる中距離核ミサイルの西ドイツ配備に反対するデモ集会に集結した。この時は「68年世代」を中心に、そのちょっと下の僕たちの世代も、僕たちの親の世代も、一緒に参加した。ヨーロッパにおける限定核戦争への恐怖が、僕たちをデモに駆り立てたんだ。平和を訴えるデモ集会に百万人以上の人々が結集したのは、あとにも先にもこの時限りだったんじゃないかな。そういえば、この年は「緑の党」が連邦議会入りを果たした年だった。

当時、僕は21歳で、親友のヨルンと、彼の両親と一緒に車でボンに向かったんだ。それは、第二回目の大規模なデモ集会だった。その日は、百五十万人が集結したはずだよ。でも、何ができるかを真剣に考えていたのは、そのうちの三十人くらいだったかもしれないね。僕たちは、何ていうか、政治的にどうこうというのではなく、フィーリングでそこへいったんだ。西ドイツが、戦争になったらいやだという気持ちだけでね。あの日は、とってもいい天気で、ライブがあって、ハンネス・ヴァーダーなどのポップ音楽を聞いて、合間に演説があって、みんなビール飲んでハッシシを吸って、いい気分になって一日過ごしたんだ。まあ、今でいうラブ・パレードの気分だったわけ。でもね、それでも行ってよかった。満足感があったんだ。西ドイツには週末を犠牲にして、平和集会にあつまり、パーシング置くな、ミサイル反対、戦争反対って言いつつ、みんな一緒に、平和に週末を過ごしたがっている人間が百五十万人もいる、ってことが分かっただけでも、なんだか嬉しかったんだ。まあ、西側の反核、平和運動組織に資金援助していたのは慌てふためいていた東側だったとか、色々裏話はあるんだけどね。

でも、この反核・平和デモ集会の甲斐なく、パーシング２ミサイルは西ドイツに配備されてしまった。まあ、その四年後の１９８７年に、ＩＮＦ条約調印により、米ソの中距離核ミサイル廃棄が決まるんだけれどね。しかし、当時の社民党のシュミット首相は、これだけの反対者がいるにもかかわらず、これだけ全国で大規模なデモがあったにもかかわらず、結局アメリカの核兵器配備に「ナイン（ノー）」と言わなかった。言えなかったんだ。それはＮＡＴＯの決定だったからね。

僕は、僕たちの平和運動（運動ってほどでもないか）が無駄だったとは思わない。あの時、一緒にデモに参加した連中の多くは、僕のように、今も反戦主義者だと思うよ。それに、国防軍というシステムに反感を持ち、兵役を拒否した人も多いはずだ。あのデモにはそういう効果があったと思うよ。

あのデモの時、10代、あるいは20代だった連中は、今、40代前後になっている。みんないろいろな職業につき、中には政治に関わっている人もいるだろう。だからこそ、兵役は今、十ヶ月にまで短縮されているんだと思うよ。それに、今ならはがき一枚で兵役を拒否できる。そんなこと、僕の時代には考えられなかった。それが、あのデモの及ぼした効果だと、僕は信じている。きっと当時の平和運動からの流れでこうなったんだとね。徴兵廃止などそう簡単に実現することじゃない。でも、今のところは、そういう方向に流れているんだ。それがいつまで続くかはわからないけれど。

結局、その後ソ連が崩壊し、東西の冷戦が終結し、ドイツが統一することで、僕たちの国が核兵器浸けになることは避けられたわけだけれど、その後の十年間、アメリカは次々と局地戦争を行ってきて、南米や中東が戦場になった。その戦争に、ドイツを含むヨーロッパ諸国も徐々に巻き込まれていった。特に、「9・11」以後はそれが顕著になったよね。

今年（2002年）になって、ドイツ政府の国防軍への投資が急激に増えたことを、「9・11」のせいだと批判的に見る人もいるけれど、ドイツが戦闘機や戦車を購入するのは、戦争のためでなく、どっちかといえば経済的効果のような気がする。国防省はアメリカの武器ではなく、ドイツ、あるいはヨーロッパ製の武器を購入しているからね。それは、ドイツの軍事産業を支援するためなんだ。それよりも、僕が気になるのは、ドイツの国防軍がNATO域外で貢献すべきかどうか、という問題なんだよね。

ドイツ国防軍は、コソボ紛争の解決策として1999年3月24日から七十八日間にわたって行われたNATO軍によるユーゴ空爆で、戦後初めて他国の領土の爆撃に力を貸した。そして、「9・11」後にはアフガニスタンに兵士を送り込んだ。ドイツ国民は、ユーゴ空爆に参加したることで、一応、「表向き」大国の仲間入りを果たせ、満足しているということになっている。

でもね、僕は、ドイツ政府が、国防軍をＮＡＴＯ域を越えて派遣することができるように、ユーゴ空爆や、アフガニスタン空爆の後方支援をしたことは、ドイツの戦後最大の失敗だと思うよ。もちろん、ドイツ国民は、「９・11」によるニューヨークの犠牲者への追悼の意を表するために、そして、アフガニスタンへの空爆に反対するために、大都市の街角に集結した。でも、それは１９８３年の比じゃなかった。

しかし、アメリカという国は、何としてでも、この世界の主人の座を守りたいんだね。でも、残念ながら、この世界の主人は、どうやら、世界で一番賢いわけではなさそうだし、本気で世界に平和をもたらそうという野望をもっているわけでもなさそうだ。この主人は、自分にとって気持ちの良い世界を構想したいだけなんだね、きっと。そして常にナンバーワンでいたいんだ。一体何のナンバーワンかはわからないんだけど。

僕は、アメリカ人を批判するつもりは全くない。個々の人間は別だからね。だから、ここで僕がいうアメリカは、国家としてのアメリカのことだよ。

これまでアメリカという国家の行ってきた、数々の戦争の動機、それは、アメリカが一番たくさん、最新型の武器をもっているから、一番たくさん、核兵器をもっているからなんだよね。「僕に従うなら、友達でいよう、僕に逆らうなら、敵になることだってあるぞ」って言ってるだけだ。アメリカは、19世紀の半ばからこの方法でやってきた。南アメリカにはじまり、アフガニスタンにいたるまで。これでは何にもならない。

そして、ドイツも日本も、国家として、このバカなお遊びを一緒になってやっているわけ。僕たち個々の国民はどんなに平和主義者であっても、国家レベルでは数々の戦争の共犯者だ。民主主義という国家システムを疑いたくなるほど、何とも苦しい立場だよね。

アフガニスタン空爆が始まる前も、なんともやりきれない気分だった。アメリカはNATOのメンバーだけど、アメリカはNATOじゃない、アメリカはUNのメンバーだけど、アメリカはUNじゃない。それなのに、アメリカはNATOに対してアフガニスタンへ行けというんだからね。他のメンバーがやらないといっても、アメリカを止めようとしても、アメリカは単独でやる、それだけの自信も力もあるらしいしね。でもそうやって、アメリカが単独で走り出せば、ドイツも、勝った場合の分け前、というか、アメリカに協力することで得られるあらゆる権限が欲しいから、じゃあ一緒にやるか、ってことになる。それが国益ということだよね。

世界はこの、どうにも止められない悪循環をくりかえしている。これを止めることができればいいんだけれど、アメリカは単独でもやろうとするからなあ。ヨーロッパ諸国が、アメリカに対し、NATOやUNからの脱会を求め、もう誰もアメリカを支援しない、資金も出さない、と言えるなら、アメリカは一人でどこまでいけるんだろう？　資金がなければ、必ずゆきづまると思うんだけど、事態はそう単純ではないかな。でもカネが欲しいのはアメリカだけじゃなく、ヨーロッパ諸国だってそうだ。そしてどの国も、自国の小さな権力のことを考えている。各々の政治家は、名誉を欲しがっている。例えば、ドイツのシュレーダー首相は、ドイツが国連安保理の常任理事国の座を獲得し、歴史上に名前を残すことを狙っているからね。

一番わかりやすい例が「緑の党／90年同盟」だね。緑の党は、かつてはいかなる戦争にも反対した平和主義党だった。でも、社民党との連立政権を構成し、与党となってからの緑の党は、さまざまな矛盾を抱え、かつての緑の党とははるかにかけ離れた地平に到達してしまった。緑の党のフィッシャー外務大臣も、党内に反対派がいたにもかかわらず、アフガニスタン空爆ではアメリカを支持したしね。一度権力の甘い蜜を吸ったら、たとえ、自己矛盾があっても、その権力を維持したいんだよね。その気持ちはわからないでもないけれどね。

でも、2002年10月現在で、二期目のシュレーダー政権（社民党＋緑の党／90年同盟連立）が、イラク攻撃に対し、まだ抵抗しているのは、評価できることだよね。色々な利害がからまっての決断だろうけれど、これで、どんでん返しが起こったら、ドイツ国民は黙っていないと思うよ。

先進国は、今後軍備強化の方向へ進むのではないか、という予感がある。景気上昇のために、軍事産業を益々回転させなければならないという意味では、そうかもしれない。でも、僕は、ドイツという国は徴兵なしでも機能すると信じているし、そうなることを強く願っている。社民党の中には、徴兵を廃止し、職業軍人だけにしようとする議論も行われているしね。こういった考えは、1983年当時、平和運動に関わった人たちから出てきたものだ。それが今日積極的に議論されているわけだ。もちろん、職業軍人に限定すると、ますます戦争がやりやすくなる、という批判も出てくるだろう。でも僕はね、国民を半ば強制的に兵役につかせるという、その制度がなくなることが、何よりも好ましいことだと思っている。

もちろん、兵役や代替役務についたから、人生勉強ができたという人もいる。僕だってそうだよ。でも、人間は、どんな体験からも何かを学ぶものだから、兵役や代替役務が良いということにはならない。国家は、国民の青春を長期間にわたって、拘束できないはずだ。それは、時代錯誤の考えだよ。それに、今の若者は人生勉強が足りないから、ボランティアくらいさせるべきだという考えにも、僕は反対だね。だって、僕が、僕の青春を賭けて、断固徴兵制に抵抗してきたのは、兵役のない世界を願っていたからだと思うんだ。

でも、兵役に抵抗してきた僕たちの努力が、近い将来台無しになってしまうこともありえる。

そうなった時には、また、自分たちのできる範囲で抵抗するしかない。

僕はね、軍隊における最大の問題は、最も下の階級にいる兵士たちの思考ではないかと思う。なぜ自分は軍隊にいるのか、兵士となる以外の人生の可能性を考えてみたか、派遣される戦場で一体何が起こっているのか、一体何のために戦場にいくのか、そういった「人間」としての思考をやめてしまい、ただ、道具になっている人が多いような気がするんだ。経済的な理由が大きいことは分かっている。でも僕にはそれがとても良いことだとは思えないんだ。

軍隊における兵士たちは、言ってみれば上部にあやつられ、洗脳されている状態にある。そこに「個」はない。でも兵士たちが、自分達が道具にすぎないのだという状況に目覚め、独立した個人であろうと強く願うようになれば、軍隊は成立しなくなると思うんだ。僕は、世界中の子どもたちや若者が、独立心をもって、道具化されないように育ってくれることを願いたいな。

世の中には、戦争がなくても、ひっきりなしに自然災害や事故がある。人間は戦争なんてやってる暇はないんだよね。これはまあ、極端な理想論だけれど。でも、僕は、兵役に断固抵抗した人間として、僕の理想を捨てないよ。

「ナチスの影を背負う国にうまれて」

今日のドイツのギムナジウムでは、ナチスの行った政治、ホロコーストなどについて詳しく教えているかもしれない。でも僕がギムナジウムに通っていた頃は、歴史の授業で第二次世界大戦や戦後について割かれる時間はごくわずかで、ナチスやヒットラーについてはさらりと事実を習うだけだった。

僕の通ったギムナジウムは、とりわけギリシャ、ローマ史に重点をおいて教えていた。そのぶん中世、近代そして現代は、はしょっていた。ギムナジウムでは11年生まで歴史の授業がある。でも最後の二年間はね、自分の好きな授業を選べるんだ。そして、歴史は選択科目になってしまうわけ。

歴史の授業で、ナチスについて割かれたのは合計三時間くらいだったかな。ちょっと少なすぎるよね。でもね、僕が11年生くらいだった時、ちょうどアメリカのテレビドラマ・シリーズの「ホロコースト」が放送されていたんだ。ナチスのユダヤ人殺害の話で、当時、大変な視聴率だった。もちろん、僕のクラスでもこの番組はすごく話題になったんだ。結構ショッキングな内容で、クラスのうちの何人かはこのテーマについて、詳しい授業をしてくれと、先生に頼みにいったくらいだったんだよ。

でもね、結局、先生側にはその準備がなくって、時間をとってくれなかった。だから僕たちは、学校ではなく、雑誌や本からナチスについて詳しいことを知った。特に、ニュース雑誌の「シュピーゲル」は毎年、綿密に調査したナチス特集をやっているから、いつも読んでいたよ。というか、「ホロコースト」を見た頃から、「シュピーゲル」をじっくり読むようになったんだ。僕のナチスに関する知識の多くは、「シュピーゲル」のおかげともいえるね。まあ、ギムナジウムも上級生になると、だいたいみんな「シュピーゲル」を読んでいたんだ。

僕が具体的にナチスのことを知ったのは、14歳くらいのころかな。でも、僕たちドイツ人が悪かったんだ、とは思わなかった。僕とは関係ない、遠いことのように感じたよ。仮に僕の父や祖父がナチスだったならば、もしかしたら、それは大変な重荷になってたかもしれない。でも、うちの家族は幸いナチスではなかった。おじいちゃんはナチ党には所属していなかった。父方は農夫だから政党的にはナチスだけど、でも普通の農夫だからね。それにナチスというのはその政府の中枢の人たちのことをさすわけだし、一般市民はある意味では被害者でもあったからね。

僕の父方の実家の農場では、戦争中、ポーランドからの強制労働者たちが働いていたんだよ。その当時のポーランドの労働者たちと、うちの家族とは、いまだに交流があるんだ。ナチスの時代、ポーランド人がひどい扱いを受けたケースもあるけれど、父の実家で働いていたポーランド人たちのように、安心してドイツで暮らすことのできた人たちもいたんだ。

僕の友達や知り合いの親たちには、ナチスの将校だったとかいう人はいないから、そのような祖父、あるいは父親を持った子どもたちが、どのような問題を抱えているのかは具体的にはわからない。

そうそう、バーダー・マインホフ・グループを中心とする、ドイツの赤軍派（ＲＡＦ）テロリストたちの活動についてもいろいろ情報を集めたよ。彼らは僕より10歳から15歳くらい年上で、ファナティックに学生運動を推進した連中だ。祖父や父たちの世代のやった愚行、つまりナチスの愚行を決して許さず、あの世代を徹底的に否定し、責め続けたんだ。なぜ、あの時、あの悪夢を止められなかったのか、とね。でも、彼らには、どう転んでも止められないものだってあるんだ、という想像力が欠如していた。

僕の世代は、親の世代がナチス時代に子どもだったから、赤軍派テロリストたちの世代ほど考え方がファナティックじゃない。そういえば、僕が通っていたギムナジウムに、おじいさんが反ナチス派だったという子が途中から転校してきたんだけど、自分の祖父や父親が反ナチスだと、別の問題があるんだよ。例えば、親がナチスだったら、それに抗って息子は成長することができる。でも親が反ナチスの先鋭だったら、息子はそのような祖父や父親を超えて成長することが難しい。そいつはかなり深刻な精神的プレッシャーに苦しんでいたんだ。でも僕は、ナチスに対し、最初から批判的、客観的に考えをめぐらすことができた。

ところで、ナチスが現在までひきずっているものに、ネオナチの存在があるよね。でも、ネオナチにもいろいろあるし、その起源をいつとするかは難しい。名の知られているネオナチ党にＮＰＤ（Nationaldemokratische Partei Deutschlands ドイツ国家民主主義党）というのがある。あと、他にもＤＶＵ（Deutsche Volksunion ドイツ民族同盟）とか、ＲＥＰ（Repblikaner 共和党）といった、いくつかのネオナチ党があるんだ。まあ、一番古いネオナチ党には、１９５０年代後半に政党として認められたものがあるから、ネオナチは戦後すぐの頃からあったんだね。

世界的に、その「危険なファッション」が有名になってしまったスキンヘッズは、最近の現象のように思う人がいるかもしれないけれど、もとはと言えば、学生運動の中心となった「68年世代」の反対勢力としてでてきたように記憶している。彼らは、１９７０年代の後半に力をつけてきた。そして、ハンブルクが彼らネオナチの勢力地帯になった。70年代以前にも、ネオナチの動きはあったけど、強化されたのは70年代にはいってからだと思うよ。

メディアにおいてはネオナチ＝スキンヘッズという図式ができあがっているから、ネオナチは若者の団体だと思い込んでいる人が多いかもしれない。でもネオナチの核は若い連中でなく、昔のナチスのじじい連中なんだ。そして彼らが、ナチスに憧れる若い連中を集めて、動かしているわけ。老獪ナチスにあやつられて活動しはじめた、ネオナチ青年リーダーのひとりに、ハンブルクで活躍したミヒャエル・キューネン（１９５５〜１９９１年）がいる。14歳でＮＰＤに入党した彼は、その後、いくつものネオナチグループを組成した。そういったネオナチグループの一派が、70年代の後半頃から、外国人に暴力を振るったりするようになったんだ。

ミヒャエル・キューネンはね、最初、黒の皮ジャン、ナチスカラーである茶色のズボンに、耳の上まで刈り上げたヘアスタイルといったいでたちで登場した。スキンヘッドじゃなかったんだ。で、それを若い連中が真似するようになった。スキンヘッズは、１９７０年代後半にイギリスの厭世的な若者の間で流行っていたから、もしかするとそっちのコピーかもしれないね。

ミヒャエル・キューネン自身は、外国人に暴力を振るったりしたわけではない。キューネンはハンブルクのネオナチのボスで、裏でネオナチの活動を指揮していたんだ。

彼は、「ホロコーストは嘘だ」とか、「ナチスはユダヤ人殺しをしていない」といった、憎悪を増長するからという理由で、ドイツでは法的に禁じられている発言をしたために、何度か逮捕され、刑務所入りしていたこともある。とにかく１９７０年代当時、ハンブルクの外国人や左翼風ヒッピーは、よくスキンヘッズに暴力を受けていたんだ。

そうそう、信じられないような話なんだけど、ハンブルクでネオナチのプロパガンダ集会が行われた時に、五十人ほどのネオナチを数百人の警官が守らなければならないという事態になったことがある。ネオナチ反対の左翼や、集会を妨害しようとする人たちが数千人規模で集まったからね。ネオナチ五十人に対してだよ。

あの時の警察は本当に弱り果てていた。でも、ドイツでは集会の自由が認められている。そして、警察は、認可された集会が滞りなく実施されるよう、その集会の現場を保護する義務があるんだ。でも、この場合、保護の対象がネオナチだったから、そりゃ警察だって困るよね。現在では、ネオナチの集会は、内容次第で開催許可がおりないケースが多いけれどね。

ネオナチの若者たちは、いってみればネオナチ教の信者みたいなものなんだ。偏見に聞こえるかもしれないけれど、ネオナチに傾倒するのは、どちらかといえば、労働者クラスの貧しい家庭の子どもたち、充分な教育を受けていない子どもたちがほとんどだ。１９２０年代後半、ナチスがそういった層の人たちにもてはやされたけれど、ネオナチの支持層も当時とほぼ同じだと言える。

ドイツ統一後の1990年代、ネオナチによる衝撃的な事件がいくつも起こった。例えば1992年のロストック難民収容所襲撃事件やメルン市におけるトルコ人住居放火事件、そして1993年のゾーリンゲン市におけるトルコ人住居放火事件などは、記憶に新しい。

こういった事件の発生と前後して、政府レベルで、ネオナチの若者を更正すべきだという議論が始まったように思う。今では、国家がこのようなプロジェクトに予算を計上するようになっている。旧東ドイツ地域では、ネオナチの問題は西側よりも深刻だから、数年前から、青少年センターを設置し、ストリートワーカーを動員して、彼らの精神面におけるケアをしているそうだよ。

ネオナチがなぜトルコ人を仇にしたかというと、結局のところ、彼らがドイツにおける多数派の外国人だったからなんだ。それに、トルコ人の場合、外見的にわかりやすいというのがあると思う。ネオナチはね、大抵の外国人を毛嫌いしている。もちろん、アジア人である日本人もその範疇に入っている。でも、ドイツ在住の日本人は少ないし、そのほとんどは学生であったり、日本企業ではたらいていたりするから、ネオナチにとって、具体的な憎悪の対象にはならない。でもね、トルコ人の場合、彼らがドイツ人の職場を奪っているのではないか、という不安が常にネオナチの側にあった。失業中のネオナチの青年は、トルコ人が自分たちの職を奪っている、トルコ人のせいで、自分には仕事がない、と短絡的に考えた。彼らは、トルコ人を排斥することで、ドイツ人の手に職場を取り戻しているんだという、彼らなりの正義を主張しているんだ。それに、トルコ人はイスラム教を信仰し、一部の女性は頭にスカーフを被っていたりするから、街角でとてもよく目立つ。服装上の違い、異質さが顕著なわけ。その異質さのせいで、トルコ人はネオナチの標的になったんだ。

ネオナチのもうひとつの大きな標的はアフリカ人だ。黒人も、外見上わかりやすいからね。ネオナチは、彼らのごく一部が、ドラッグの売買したりしていることを強調して、「おれたちは、ドイツをドラッグディーラーたちから守っている」と、これまた正義の名前を借りて、排斥しようとしているんだ。

でも、トルコ人たちを労働力として輸入したのはドイツ自身。そして、ドイツは彼らをはじめとする外国人の働き手なしには、多くの産業をもはや維持できない状況にあることをしっかりと認識すべきだと思うよ。

「兵役拒否と武道修練は矛盾しない」

僕は兵役を拒んだ。ということは、この手に人を殺す道具を握ることを永遠に放棄したということでもある。でも、そんな僕が、代替役務と前後して、居合道を始め、今では槍術も始めている。

これを矛盾だと言う人がいるかもしれない。でも、僕の頭のなかでは、少しも矛盾していない。それに、日本の武道の精神を理解している人であれば、矛盾しているとは思わないんじゃないかな。もちろん、かつての日本の武術の目的は、戦《いくさ》のための実践力を身につけることだった。でも、現在の日本の武術の目的は「戦争」ではない。現在では、武術は武道と呼ばれ、「良い人間になること」を目指しているだろう？

居合道の起源は戦国時代だといわれている。この刀術は当初、戦場において、槍や薙刀《なぎなた》などを折られた時に、とっさに腰の太刀、あるいは短刀を抜いて、敵に応じるために工夫された技が発達したものだそうだ。

居合いには、山ほどたくさんの流派があった時代があった。それはこういうわけなんだ。ある流派の弟子が増え、その流派の組織がだんだんと大きくなると、意見の食い違いや、衝突が増え、本来の剣術の稽古がおろそかになる。そうするとね、弟子たちの力が伸びにくくなるんだ。だから、弟子たちは、ほんのちょっと刀の使い方を変えて、別の流派をつくって枝分かれしていった。全ての流派がこのように派生していったとは言えないだろうけどね。

でも、この話、現代にもあてはまるような気がするな。組織っていうものは、大きくなればなるほど、派閥ができ、複雑になってくる。協会と名のつく大きな組織には、いつも何か問題がでてくる。その点、小さな道場っていうのはとてもいいよね。それに、居合いなら、たった一人でもできる。練習したい時に、いつでも一人でできる。でも、全くのひとりはだめ。最初のうちは先生がいる。そしていい先生に出会えたら、それは大きな幸運だ。いい先生って本当に大事だと思うよ。

僕は十七年間居合いをやってきたんだけれど、居合いの練習には敵がいない。居合いというのは仮想敵を斬る訓練だ。そして居合いには「斬れる」こと、必ず敵を倒すことのできる技術が要求されるんだ。でもね、居合いには、殺人剣と活人剣のふたつがある。そして、居合いの目的とは、この殺人剣から活人剣への道を歩んでいくことなんだ。究極の居合いとは、刀を使わなくてすむ居合い、その人のオーラが、その人の存在感が敵を尻ごみさせる、そんな居合いなんだ。居合いだけじゃない、多くの武道は究極的には武器をつかわずにすませるというのが目的なんだ。武道の最終的な目的は、武器を無意味にすることなんだよ。もちろん最初は、それぞれの武器を使って、それをいかに扱うかという技術を学ぶ。でも、同時に精神的なものも学ぶ。やがて精神が研ぎすまされる程に鍛練されれば、武器はいらなくなるんだ。

でも実際に、そのことを頭と身体の両方で理解するまでには時間がかかる。鍛練が必要なんだ。ただその鍛練が、まるで軍隊の鍛練のように、厳しいだけのものでいいのかどうか……。そこがまだ、僕にはよくわからないんだ。道場には、その道場の主人の心が反映している。なんだか入りにくい道場もあるだろうし、誰にでも門戸を開放した、入りやすい道場もあるだろう。恐い先生もいれば、優しい先生もいる。結局、修練したい人は、自分が「彼こそ自分の師だ」と思える先生が見つかるまで、探し求めなければならないんだね。

ところで、この武術の思想というものは日本特有のものじゃないかな。例えば、サッカーは武術と関係ないし、西洋の騎士道は今日に至るまで、その伝統が引き継がれることはなかった。

終わってしまったんだ。騎士道が残っているのは、もう映画の世界の中だけ。なのに、日本でだけ、古くからの武術が、いまだに武道として残っている。日本という国は、アクムラティヴな社会で、新しいものが誕生しても、古い伝統を捨てないよね。まあ、物質面では、古いものをどんどん捨てて新しいものを買う傾向にあるけれど、精神面、文化面での古い文化は、まず捨てないでおいている。それは素晴らしいことだと思うよ。

「島では漂着してきたものを捨てない。それは、いつか、何かの役にたつかもしれないから、捨てないでとっておくんだ」と言ったのは、たしか照屋林助さんだったっけ。それとはちょっと違うかもしれないけど、日本人って、古くからの伝統芸能や、武術も、まあ、とりあえず全部保存しておきましょうという考えなのかな。

だって、どうして、いまだに能があるのか、僕には疑問だよ。いまだにそれを習っている人だっている。オペラと違って、日本の能は新しく演出されないし、歌舞伎だってかなりの部分伝統を守っている。例えば、江戸時代に女性が歌舞伎を演じることが禁じられていた時代があったそうだけど、今日の視点から言えば、女性がやったってかまわないと思う。だれもとがめないはずだよ。でも、いまだに、昔のままで女性は演じない。それはヨーロッパでは考えられないことだよ。また、日本人はそういった伝統芸能に、新しい演出を加えることにも躊躇しないよね。でもそれは伝統的なスタイルのものとは別のものとして上演される。だから古いものと新しいものの両方が残るんだ。それは日本の特徴と言えるかもしれないね。

ほかにもまだまだ、僕の疑問は続くよ。どうして、現代に相撲があるんだ？　でもって、野球があり、サッカーもある。世界のどこに、そんな国がある？　すごいよ。日本人はどれだけ自分たちが伝統を守っているか、気付いていないね。で、まだ自分たちは伝統を守りきれていないと思っているんだよね。

武術の伝統は、ヨーロッパにもあったんだ。日本よりも古くからね。フェンシングも11、12世紀頃におこったもので、タールホーファーというフェンシングの本は16世紀に書かれている。ヨーロッパにも、あらゆる総合武術の指南書はあって、日本とその技術はさほどかわらない。でも、それらの武術は、今日まで残っていない。役にたたないから、学んでも利益がないという考えなんだ。だから伝統が途絶えてしまった。日本は、一見無駄にみえることを残して、そこから学んでいる。古いものから、何かを学ぼうとしている。そこに、日本の豊かさがあるんだね。

そうだなあ、ドイツにはクラシック音楽が残っているけれど、これってけっこう新しいものだよね。中世の音楽とかはほとんど残っていない。日本人は口々に、ヨーロッパには伝統があるというけど、あるのは何度も修復された建物くらいじゃないかな。日本には形のあるものはあまり残ってないけれど、精神的なものはより多く残っているような気がするよ。

ところで、アジアの格闘技や日本の武道のいくつかは、実践する時、敵の存在が本当に近い。敵は時に、自分の腕のなかにいることもある。敵がこれほど自分に近く、具体的だったら、たとえその敵が憎くても、殺せと言われても、殺すことはすごく難しいはずだと思うよ。それに、自分が過って死ぬ可能性だってある。だから戦いには勇気がいる。人を殺す場合は、自分も殺される覚悟をしていないと戦えない。戦争がそのようにリアルなものであるならば、起こりにくいはずだよね。

戦争は、指揮系統（政府）があり、そこが命令するから起こる。人間はグループだと強いが、一人ひとりは弱い。だから戦いは一対一こそが本物だと思うんだ。

僕が特別に稽古をみてもらっている槍術の先生が、あるとき、「武」という漢字の意味について教えてくれた。「武」という字は戦闘的なイメージを人に抱かせるけれど、漢字のつくりから読むことのできる意味は「鉾を止める」なんだ。

「鉾を止める」ということは、戦いをやめること、つまり「戦争をやめる」ということなんだよ。「武」の文字の中には、そんな深い意味が託されているんだ。

それを知った時、僕は、感動でちょっとふるえていたね。そして、これこそが、世界のどこにもない、日本の武道のチャームポイントかもしれないな、と思ったんだ。武道とは、戦いの道ではなく、実は平和への道なんだ、と知って感動したんだよ。

アルトナ区のもう使われていない線路

「2003年7月、ブラジル・カシアスにて」

十六年間一緒に暮らしたドイツ人の夫の、徴兵拒否体験記を書き終えたのは2002年10月上旬のことだった。下旬までに原稿をもう一度推敲し、新城さんに送ろうと考えていた矢先、思いがけぬ出来事が起った。夫があるドイツ人女性と一緒になりたいので、私との関係を終わりにしたいと言ってきたのだった。

先月まで、近いうちに沖縄に移住しようなどと将来の夢を語りあっていたばかりだったので、私には彼の気持がにわかには信じ難かった。そして、たったひとりドイツで生きてゆけるかどうか、たまらなく不安になった。しかし、一ヶ月、二ヶ月と月日がたつにつれ、悲しみは少しずつ薄れ、私は、ひとりでも異国でなんとか生きていけるだろうと確信できるまでになった。

しかし、夫への愛情を込めて書いたこの作品を、私は長い間読み返すことができなかった。

もちろん、この作品のアイディアを出してくださった新城さんに送ることもできなかった。一時は、この物語の「僕」を架空の人物にして、すっかり書き直そうかとも考えた。

しかし、時は止まることをしらず、人生は思いがけぬ方向に展開してゆく。そして私は、2003年の5月下旬からブラジルに滞在している。6月いっぱいは、長距離バスを利用してノルデスチ（北東部）を旅し、7月からは一時的にマラニョン州のカシアス市で暮らしている。現地の新聞社に勤める友人の取り計らいで、編集部の片隅にデスクをもらい、自分のパソコンを持ち込んで仕事をし、時々現地の記者たちの取材に同行させてもらったりしている。

ブラジルの地方都市の小さな新聞社の編集部の片隅で、毎日のようにキーボードを叩いていたある日、私はふと思い出して、この作品のファイルを開いてみた。2002年10月16日、前回この原稿を推敲した日付けがあらわれた。もう九ヶ月もこの作品を放ったらかしにしている。ドイツにいる間は、とてもじゃないが読み返せなかったものだ。

私はおそるおそる原稿を開き、一章から順に読み始めた。その時私は、やはりこの作品は、主人公を架空の人物にして書き直そうと考えていた。しかし、読みすすめるうちに、私は、かつての夫のこの物語を客観的に読むことができることに気がついて驚いた。私の心の傷は、それほどまでに癒えていたのである。

2003年7月、ブラジル・カシアスにて

私は作品を数回読み返し、不明瞭な部分だけを書き直して新城さんに送った。主人公である「僕」は、私にとっては過去の人物だが、この作品には、当時、私が聞き出すことのできた、一人のドイツ人青年が実際に体験した世界と、彼の熱い思いが溢れている。

現在彼はハンブルクの南部で暮らしている。私はハンブルクの中心部に居をすえ、ブラジルとドイツを行き来する生活をはじめたばかりだ。

沖縄島・具志川城跡

沖縄からドイツの兵役拒否の物語を読むこと

新城和博（ボーダーインク）

二〇〇三年十一月、岩本順子さんから送られてきた原稿を目にしている現在、日本には徴兵制度はない。日本で最後の徴兵が行われたのはもう六十年近くも前だ。

沖縄では日本本土に遅れること二六年の一八九八年（明治37年）から徴兵制が施行された。一九〇四年の日露戦争の時に参加させられた沖縄出身の兵隊は約二千人で、その一割が戦死したという。そして沖縄島が地上激戦地となった一九四五年の沖縄戦では、日本軍は非戦闘員を巻き込む軍事作戦を展開し、沖縄住民は約二十数万の犠牲を出した。遠い昔の悲惨な物語。でも本当にそう？　あれから日本は一度も戦争に巻き込まれることなく二十一世紀を迎えた。実際の戦争から遠く離れて、僕たちの多くは育った。でも本当にそうだろうか。

沖縄に生まれ育った僕は、心のどこかで常に戦争の気配を感じていた。親の世代が体験した沖縄戦の記憶は地下水のように僕らの世代に染みこみ、ほんの目の先にあるフェンスの向こうの広大な基地では、約六十年間、常に戦争を行っている帝国・アメリカが、我がもの顔で（実際、彼らの土地ということになっているのだ！）戦争の準備を怠らない。戦争の影はあまりに大きくて、いつのまにか僕たちも、その影に覆われていることに気がつかないようになった。

でも戦争はそんなに遠い昔の話でも、遠い外国で行われているものじゃない。「9・11」以降、戦争はグローバル化し、世界中の誰一人も、アメリカが起こす戦争に無関係なものはいなくなった。日本もとうとうあからさまにアメリカの戦争のしっぽにしがみつくようになった。

戦争はとんでもないスピードで、そこここに暮らす人々の思いを追い越していく。ドイツからやってきた岩本さんたちと那覇の市場で泡盛を交わしながら「兵役拒否」の話を聞いていた頃、日本がイラクに自衛隊を送るような状況があっというまにやってくるとは、想像できなかった。あの時僕は、同じ世代で「兵役拒否」した彼が、どのような思いを抱いていたのかが、とても知りたかったのだ。「兵役拒否」の物語を身近に感じてみたかったのだ。

戦争の大きな力に対抗する方法は多分ひとつしかない。国の愚かなビッグゲームに参加しなければいい。一人ひとりが自分の意志を持ち、小さな局面で戦争を拒否すること。しかし小さな存在・立場であればあるほど、国がかってに起こす戦争を拒否できないような世界が取り囲んでいるのも、事実だ。沖縄に住む、いや日本国に住むわたしたちが「徴兵」を想像するのは、難しい。それでもまずは、ひとつの物語に耳を傾けることから始めてみたい。戦争を拒否することを、国を越えて共有していく小さな試みの一つとして、沖縄からこの本を出してみよう……。

現在ドイツの徴兵制度は「良心的兵役拒否者」を認めている。軍隊に入る替りに、奉仕活動を兵役期間以上行うことが選択できるよう制度化され、最近は、徴兵対象者の約四割が、「兵役」の「軍事的奉仕活動(ミリタリーサービス)」に代わって、社会的な弱者救済や救急活動、平和教育などの「市民的奉仕活動(シビルサービス)」を行って、社会に奉仕、貢献しているそうだ。「人を殺さない」という一人一人の意志が、少しずつ社会を変えたのだろうか。

あの日、沖縄島の南の岬に立ちすくんだ三人は、多分一緒に二度と会うことはないだろうけれど、それぞれの場所で平和を思うとき、この本の物語を思い出すだろう。

岩本順子　いわもと・じゅんこ
1960年　神戸生まれ。南山大学文学部卒業後、タウン誌「月刊神戸っ子」の編集者に。
1984年　渡独。ハンブルク大学で美術史を学ぶ。
1989年　同大学修士課程中退。
1992年から1999年まで講談社モーニング編集部ドイツ支局員として働く。
1990年から2003年までに日本語からドイツ語に翻訳した漫画は200巻を超える。
1998年からドイツ・ニュースダイジェスト紙（デュッセルドルフ）他に取材記事を執筆中。
著書に「おいしいワインが出来た！　名門ケラー醸造所飛び込み奮闘記」（講談社文庫、2001年）がある。
サイト：http://www.junkoiwamoto.com

ぼくは兵役に行かない！

かつて〈徴兵〉を拒否したドイツの
青年が、今だから語る軍隊と平和

2004年3月31日　第一刷発行

著　者　岩本　順子
発行者　宮城　正勝
発行所　㈲ボーダーインク
沖縄県那覇市与儀226-3
TEL.098-835-2777
FAX.098-835-2840
http://www.borderink.com
印刷所　㈲でいご印刷

ISBN4-89982-057-7 C0095 ¥1200E

新！おきなわキーワード

はぁぷぅ団編

四六判・３０４頁

はぁ？と思うオキナワを、ぷぅ！と笑ってしまいたい！　なつかしの大ベストセラー『おきなわキーワードコラムブック』から14年を経て、21世紀版おきなわキーワードがついに登場。

定価　１５７５円（１５００円）

読めば宮古！

あららがまパラダイズ読本

さいが族編

四六判・２００頁

読んでみるべき!?
宮古ブームを巻き起こした大ベストセラー。
宮古人が語った、宮古がわかる爆笑コラム集。

定価　１５７５円（１５００円）

書けば宮古！

あららがまパラダイズ読本

さいが族編

四六判・２３９頁

あの「読めば宮古！」の続編登場。「宮古人の肖像」「宮古・街と村のオキテ」「宮古の天然」「ふつーのみやこふつ」。

定価　１５７５円（１５００円）

東京の沖縄人

「東京」で暮らし「沖縄」を思う若きウチナーンチュたち

新垣　譲

四六判・２７５頁

等身大のインタビュー集。
16人の「普通の沖縄人」が語った東京での暮らし、仕事、そして沖縄への思い。

定価　１６８０円（１６００円）

沖縄のヤギ〈ヒージャー〉文化誌

歴史・文化・飼育状況から料理まで

平川宗隆

A5判・124頁

沖縄のヒージャー（ヤギ）文化を豊富な資料と独自の取材でまとめたユニークな一冊。ヒージャージョーグー垂涎のヤギ料理店ガイドを収録。

定価 1575円（1500円）

図説 沖縄の鉄道

加田芳英

B5判・120頁

貴重な写真とビジュアル資料満載の沖縄交通史。幻の名著復活。かつて沖縄に汽車が走っていた。電車も走っていた。

定価 1890円（1800円）

道ゆらり

南風〈みちくさ〉通信

新城和博

B6変形判・298頁

熱発的おきなわとぅるばいコラム！この2、3年、おきなわで起こったあれこれ。休みの日、普通の日、ゆらりと歩いて見つけたこと。

定価 1680円（1600円）

海の中でにらめっこ

写真絵本2 石垣島の海

やまもとひでき

A4変形判上製本・40頁

海の中にはいろいろな生き物がいっぱい。恐い顔、とぼけた顔、ユーモラスな顔など海の生き物たちの表情をとらえた写真集。

定価 1470円（1400円）

グスク探訪ガイド
沖縄・奄美の歴史文化遺産［城・グスク］
名嘉正八郎
A5判・144頁（カラー24頁）

二〇〇〇年に世界遺産に登録されたグスク遺産9つと奄美から沖縄の54箇所の概要、歴史、物語を中心にデータ、遺構調査の結果なども記載。
定価　1890円（1800円）

松山御殿物語
明治・大正・昭和の松山御殿の記録
「松山御殿物語」刊行会
四六判上製本・286頁

琉球王国最後の国王尚泰の四男尚順とその家族の記録。尚順の琉球文化に関する名随筆や御殿語彙ノート等。
定価　3150円（3000円）

海と島の景観散歩
沖縄地図紀行
大木隆志
A5判・172頁

硫黄島から与那国島まで沖縄各地の島々を歩き、さんご礁の地形や島の風景の味わいを新しい視点で綴った紀行写文集。
定価　2730円（2600円）

八重山ネイチャーライフ
シマの暮らしと生き物たち
深石隆司
四六判・200頁（口絵4頁）

八重山に移り住んでホタルやモダマなど自然に関する研究者で染め織に取り組んでいる著者が綴ったネイチャーエッセー集。
定価　1680円（1600円）